贵州省农村产业革命重点技术培训学习读本

中药材高效栽培与加工技术轻松学

贵州省农业农村厅 组编

中国农业出版社
农村设物出版社
北 京

编委会

本书编撰组

编撰组长　向青云　黄俊明

编撰副组长　邹学毅

编撰人员　赵　致　吴明开　冉懋雄　魏升华
黄明进　王华磊　罗夫来　张文龙
施文娟　王　雄　冯文豪　邹光华
雷　强　杨丽丽　魏善元　杨　琳
李　娟　张金霞　宋智琴　刘　海
罗　鸣　杨平飞　彭竹晶　黄万兵
陈松树　杨　霞　罗丽莎　胡　蓉
唐成林　凡　迪　王忻昱　万　科
郑明强　谢秀梅

前言
FOREWORD

根据贵州省委、省政府开展脱贫攻坚进一步深化农村产业革命主题大讲习活动的工作部署，贵州省农业农村厅组织发动全省农业农村系统干部职工和技术人员，以“学起来、讲起来、干起来”为抓手，广泛开展“学理论、学政策、学技术”，进一步转变思想观念、转变发展方式、转变工作作风，进一步统一思想、凝聚力量、推动工作，巩固提升农村产业革命取得的成效，总结推广各地实践取得的经验，全面落实农村产业发展“八要素”，深入践行“五步工作法”，持续深入推进农村产业革命。为配合产业技术培训活动广泛深入开展，省农业农村厅组织专家、学者结合贵州省实际，编写了“贵州省农村产业革命重点技术培训学习读本”，供各级党政领导、村支两委干部、农业农村部门干部职工、农业经营主体等人员学习和培训使用。

本书的出版将对贵州中药材发展起到积极的作用。本书的主要内容包括中药材基本概况、中药材生产基础知识、贵州省中药材产区概况、贵州省部分中药材栽培与初加工技术要点等内容，力求理论联系实际，做到内容丰富、通俗易懂、科学严谨、资料翔实，具有指导性、实用性和可操作性。

由于编写时间仓促，不足之处在所难免，敬请读者指正。

编　者
2020年2月

目录
CONTENTS

一、中药材基本概况

1. 全国中药材生产现状如何？

据《全国中药材生产形势分析》数据显示，截至2017年年底，除北京、西藏、台湾和香港、澳门以外，全国29个省（自治区、直辖市）的中药材总种植面积已经达6 799.17万亩[①]。其中，河南760.2万亩、云南747.2万亩，广西678.6万亩，贵州和陕西均在400万亩以上，湖北、甘肃、广东、山西、湖南等省均在300万亩以上，四川、重庆、山东、河北等省均在200万亩以上，其余各省（自治区）面积相对较小。2017年全国中药材年总产量为1 850.33万吨。其中，山东产量最大，为354.7万吨，其余依次为广西181.29万吨，河南140.9万吨，广东115.6万吨，重庆、安徽、云南、陕西均在90万吨以上。

2. 贵州省中药材生产现状如何？

近年来，在贵州省委、贵州省人民政府的坚强领导下，围

① 亩为非法定计量单位，1亩=1/15公顷。——编者注

绕推进农业供给侧结构性改革，充分发挥资源、生态和产业优势，把中药材产业作为扶贫产业、生态产业、富民产业、大健康产业来重点打造，走出了一条百姓富与生态美有机统一的产业发展新路，中药材产业得到了长足发展。根据贵州省脱贫攻坚产业监测调度系统数据显示，2018年全省中药材总面积684.2万亩，总产量157.5万吨，总产值132.2亿元，全省有近900家中药材种植企业和合作社，300亩以上规模化基地308个，天麻、太子参、铁皮石斛、金钗石斛等46个品种规模上万亩。根据市场需求与产业基础，培育了天麻、太子参、金钗石斛、白及等20个优势品种，打造了安龙白及、施秉太子参等一批万亩连片种植基地和21个产值上亿元的品种，建设了25个省级中药材产业园区，形成了一批重要的中药材产业集聚区，开展了40个品种绿色生产技术标准的制定工作，推进了中药材标准化生产（表1-1、表1-2）。

表1—1　2018年贵州省各市州中药材基本情况

序号	地区	总面积（万亩）	总产量（万吨）	总产值（亿元）
1	贵阳市	32.7	10.1	9.9
2	六盘水市	56.7	29.8	11.4
3	遵义市	135.9	12.8	19.8
4	安顺市	50.5	16.1	6.3
5	毕节市	72.4	9.7	10.8
6	铜仁市	60.1	9.3	18.9
7	黔西南州	100.1	30.0	12.5
8	黔东南州	88.6	22.5	30.9
9	黔南州	87.2	17.4	11.8
	合计	684.2	157.7	132.3

注：数据来源于贵州省脱贫攻坚产业监测调度系统。

表1-2　2018年贵州省中药材主要种植品种情况

序号	品种	总面积（万亩）	总产量（万吨）	主产区（县、市）
1	铁皮石斛	3.3	0.07	安龙、兴义、松桃、独山、荔波等
2	金钗石斛	9.0	1.2	赤水
3	天麻	12.9	1.4	大方、德江、雷山、汇川等
4	太子参	33.5	8.8	施秉、黄平、瓮安等
5	半夏	2.9	1.4	赫章、威宁、大方等
6	白及	7.2	0.4	安龙、独山、正安、开阳等
7	钩藤	42.6	9.5	剑河、锦屏、黎平、丹寨、从江、道真等
8	丹参	4.5	1.1	松桃、石阡、修文、大方、余庆等
9	党参	4.7	1.3	威宁、道真、盘州、印江等
10	黄精	6.6	0.4	印江、天柱、榕江、凤冈、水城、石阡等
11	头花蓼	3.2	0.5	黄平、乌当、纳雍、紫云、织金等
12	艾纳香	4.3	0.8	罗甸、望谟、册亨、安龙等
13	何首乌	5.2	0.6	施秉、湄潭、正安、兴义、从江等
14	茯苓	2.3	2.0	黎平、剑河、平塘等
15	苦参	1.3	0.2	七星关、赫章、松桃、兴义等
16	灵芝	0.3	0.06	独山、册亨、剑河、丹寨、清镇等
17	重楼	0.5	0.02	榕江、七星关、黎平、印江等
18	桔梗	1.0	0.3	普定、黄平、绥阳、关岭等
19	缬草	1.3	0.6	江口、剑河、施秉等

3. 国家出台的中药材产业法规、政策和规划有哪些？

国家先后出台的有关中药材产业的法规主要有：《中华人民共和国药品管理法》《中华人民共和国中医药法》。

中药材产业发展规划与政策主要有：《“健康中国2030”规划纲要》《中药材保护和发展规划（2015—2020年）》《中医药健

康服务发展规划（2015—2020年）》《中医药发展战略规划纲要（2016—2030年）》《中药材产业扶贫行动计划（2017—2020年）》《全国道地药材生产基地建设规划（2018—2025年）》等。

4. 贵州省出台的中药材产业政策和规划有哪些？

贵州省出台的中药材产业政策和规划主要有：《贵州省中药材种植发展规划（2010—2020年）》《贵州省中药材保护和发展实施方案（2016—2020年）》《贵州省中药材产业发展规划（2016—2020年）》《贵州省“十三五”中医药发展规划》《贵州省发展中药材产业助推脱贫攻坚三年行动方案（2017—2019年）》《贵州省农村产业革命中药材产业推进方案（2019—2020年）》等。

二、中药材生产基础知识

5. 什么是药品、中药、中药材？

药品是指用于预防、治疗、诊断人的疾病，有目的地调节人的生理机能并规定有适应症或功能主治、用法和用量的物质，包括中药材、中药饮片、中成药、化学原料药及其制剂、抗生素、生化药品、放射性药品、血清、疫苗、血液制品和诊断药品等；中药是指在中医基础理论指导下用于防病治病的物质；中药材是用于生产中药的原材料，其来源为天然的未经加工或只经过简单产地加工的植物器官或代谢物、动物器官或代谢物、矿物。

6. 什么是中药农业？

中药农业是指利用药用动物植物等生物生长发育规律，通过人工培育来获得中药材产品的生产活动，主要环节有野生中药材资源采集、中药材野生抚育及种植养殖、中药材生物工程、中药材产地初加工等。

7. 中药农业的发展方向是什么?

（1）产区道地化。加强规划引导，在中医药理论的指导下优化中药材生产布局，重视品种和产区的道地性，建设一批历史悠久、特色鲜明、优势突出的道地药材生产基地，限制中药材盲目引种，做到有计划生产。

（2）种植生态化（绿色化）。发展“拟境栽培”“人种天养”与现代农业规范化种植相结合的生态种植，大力推广中药生态种植模式和绿色高效生产技术，加大有机肥使用力度，大幅降低化肥施用量，严格控制化学农药、膨大剂、硫黄、农膜等农业投入品使用，不断提升中药材质量。

（3）种植规模化。鼓励中药材种植大户、合作社、专业种植公司、大型药企等生产经营主体发展中药材种植，建立规模化的中药材种植基地，实现中药材从分散生产向组织化生产转变，实现规模化种植可解决一家一户种植中技术、管理、存储和销售等问题。

（4）种植标准化。中药材种植中的种源、环境、田间管理（病虫草害绿色防治）、采收加工、包装储运等一系列过程或因素要求更加规范，实现中药材生产的全程可追溯，提供质量安全、品质稳定的中药材原料。

（5）生产机械化。大力研发适用的各类中药材农业机械，以代替不断减少的农业劳动力，降低人工成本；并积极引导农业机械合作社、农机生产服务组织发展壮大，为中药材生产、烘干、储藏、运输提供方便高效的机械化服务。

（6）发展集约化。发展多种形式适度规模经营，构建农户分享全产业链利益保障机制。推广中药材大品种发展模式，由优势企业和优势科研团队联合攻关，打通从资源保障、产品研发、科学应用到流通营销的全产业链发展环节，依赖中成药龙头企业带动中药材大品种的发展，推动中药材全产业链资源发展和资源整合优化，实现一二三产业融合发展，做大做强地方优势特色产品，带动区域经济腾飞。

（7）开发多样化。拓展中药农业的深度和广度，加强中药材及副产品的综合利用，如地下药用部位的中药材，其地上部位可用于开发代用茶、中兽药、特定化合物的提取物等，或在中药材种植基地开发生态旅游、药膳、科普、康养体验等，大力发展与中药农业产业相关第二产业、第三产业，提高中药农业综合收入。

（8）产品品牌化。发展品牌农业，大力培育知名品牌，塑造品牌核心价值，打造一批知名区域品牌、产品品牌、企业品牌、合作社品牌等。创建地域特色突出、产品特性鲜明的区域公用品牌，创响一批品质好、叫得响、占有率高的道地药材知名品牌，并采取地理标志产品保护等措施保护道地中药材。

8. 贵州省何时开展的中药材种植业例行监测制度？

为了及时掌握贵州省中药材种植业发展动态，为行业部门掌握生产动态指导产业发展，经营主体种植销售提供可靠信息，2018年贵州省农业农村厅建立了全省中药材种植业例行监测制度，按月对74个重点品种的种植情况进行动态监测，监测内容包括面积、产量、产地价格、产值、带动贫困户等；监测品种包括天麻、太子参、半夏等49个草本品种，金（山）银花、杜仲、吴茱萸等17个木本品种，生姜、薏苡仁等5个以食用为主兼有保健功能的食药兼用品种，以及茯苓、猪苓、灵芝等3个菌类品种。

9. 什么是道地药材？

道地药材是指经过中医临床长期应用优选出来的，产在特定地域，与其他地区所产同种中药材相比品质和疗效更好，且质量稳定、具有较高知名度的中药材。

10. 什么是地理标志登记保护产品？

地理标志登记保护产品是指产自特定地域，所具有的质量、声誉或其他特性本质上取决于该产地的自然因素和人文因素，经审核批准以地理名称进行命名的予以保护产品。

11. 贵州有哪些中药材产品获得了地理标志登记保护？

截至2017年12月底，贵州省大方天麻、德江天麻、雷山乌杆天麻、施秉太子参、大方圆珠半夏、赫章半夏、安龙白及、正安白及、道真玄参、剑河钩藤、黎平茯苓、赤水金钗石斛等药材品种获得地理标志登记保护，详见表1-3。

表1–3　获得国家地理标志保护中药材产品统计表

序号	市（州）	品种名称	获得年份	批准单位
1	遵义市	赤水金钗石斛	2006	国家质检总局
2	遵义市	绥阳金银花	2013	国家质检总局
3	遵义市	正安白及	2013	国家质检总局
4	遵义市	道真玄参	2014	国家质检总局
5	遵义市	道真洛党参	2014	国家质检总局
6	遵义市	遵义杜仲	2016	国家质检总局

（续）

序号	市（州）	品种名称	获得年份	批准单位
7	遵义市	道真洛党参	2017	国家工商总局
8	遵义市	赤水金钗石斛	2017	国家工商总局
9	遵义市	赤水金钗石斛	2017	国家农业农村部
10	六盘水市	水城小黄姜	2015	国家质检总局
11	六盘水市	六枝龙胆草	2015	国家质检总局
12	六盘水市	妥乐白果	2016	国家质检总局
13	六盘水市	保田生姜	2016	国家工商总局
14	安顺市	安顺山药	2010	国家农业部
15	安顺市	关岭桔梗	2016	国家质检总局
16	毕节市	大方天麻	2008	国家质检总局
17	毕节市	大方圆珠半夏	2012	国家质检总局
18	毕节市	赫章半夏	2013	国家质检总局
19	毕节市	织金续断	2014	国家质检总局
20	毕节市	织金头花蓼	2014	国家质检总局
21	毕节市	大方天麻	2016	国家工商总局
22	铜仁市	德江天麻	2007	国家质检总局
23	黔东南州	剑河钩藤	2011	国家质检总局
24	黔东南州	施秉太子参	2012	国家工商总局
25	黔东南州	施秉头花蓼	2013	国家工商总局
26	黔东南州	黎平茯苓	2014	国家质检总局
27	黔东南州	雷山乌杆天麻	2014	国家质检总局
28	黔东南州	榕江葛根	2016	国家质检总局
29	黔南州	罗甸艾纳香	2012	国家质检总局
30	黔南州	龙里刺梨	2012	国家质检总局

（续）

序号	市（州）	品种名称	获得年份	批准单位
31	黔南州	龙里刺梨干	2016	国家质检总局
32	黔西南州	贞丰连环砂仁	2008	国家质检总局
33	黔西南州	贞丰顶坛花椒	2008	国家质检总局
34	黔西南州	安龙金银花	2012	国家工商总局
35	黔西南州	兴仁薏仁米	2013	国家质检总局
36	黔西南州	晴隆糯薏仁	2016	国家工商总局
37	黔西南州	安龙白及	2017	国家质检总局
38	黔西南州	安龙白及	2017	国家农业农村部
39	黔西南州	安龙石斛	2017	国家质检总局
40	黔西南州	兴义黄草坝石斛	2017	国家农业农村部
41	威宁县	威宁党参	2011	国家质检总局

注：数据来源于《2018年贵州省中药民族药产业统计报告》。

12. 中药材的人工种植方式有哪些？

中药材人工种植包括露地栽培和现代设施栽培，其中露地栽培包括大田栽培、林下栽培、仿野生栽培、生态化栽培等；现代设施栽培有保护地栽培和无土栽培。

13. 什么是中药材绿色生产？

中药材绿色生产是指种植基地生态环境优良，按照绿色中药材生产技术标准进行种植，实行全程质量控制并符合绿色中药材产品标准或获得绿色标志使用权的安全、优质中药材的生产方式。

14. 什么是中药材生态化种植?

中药材生态化种植是指应用生态系统的整体、协调、循环、再生原理，结合系统工程方法设计，综合考虑社会、经济和生态效益，充分应用能量的多级利用和物质的循环再生，实现生态与经济良性循环的生态农业种植方式。中药材生态化种植能有效提高中药材产量和质量、减少病虫害发生率、减少中药材生产中化肥和农药用量和保护生物多样性及生态系统。

15. 什么是中药材仿野生栽培?

中药材仿野生栽培是指在与中药材原生环境相类似的环境中，采用人工种植的方法生产中药材的方式。要求种植地的地理（如海拔、纬度等）、气候（如降水、温度等）和环境（如土壤、光照等）条件与原生地相同或类似。

16. 什么是中药材保护地栽培?

中药材保护地栽培是指在不适合种植中药材的条件下，利用保护设施，人为创造一个适合种植的环境进行中药材种植，如简易大棚、大棚、温室。

17. 中药材种植应注意哪些问题?

（1）慎重选择品种。优选道地中药材品种，引种务必谨慎，依据种植地地理和生态环境条件、中药材市场供需情况、种植技术与种子种苗获得难易程度、投入成本和经济承受能力等因素确定品种。谨防不法种子种苗商虚假广告，包括故意夸大药材生产的适宜地区、故意“缩短”中药材的生长周期、故意虚估产量或产值、故意谎称签订包回收公证合同等手段，以极高的经济效益哄骗购种者。

（2）慎购中药材种子种苗。种子种苗质量符合相关质量标准，要求来源可靠、程序合法合规、种源纯正、供需双方签订合同且责任义务明确。

（3）科学种植。注重质量优先，兼顾产量与商品性，制订相关生产技术规程推进标准化生产。

（4）规模适度。“多是草，少是宝”是中药材市场千年不变的法则，按照“种得出、卖得掉、收益好”的原则，适度规模发展。

（5）适时采收。“三月茵陈四月蒿，五月采收当柴烧”，中药材采收时间不同，药效也不同，提前采收或随意推迟采收期，都会影响中药材的药效，根据种植品种生长发育特点，结合其药用部位和活性成分积累规律，制定其合理的采收期，确保药材质量和产量。

（6）合理初加工。根据种植品种的采收期和采收量建设产地加工设施，学习掌握加工技术，确保生产药材的质量，以实现最终的经济效益。

18. 中药材种子种苗应遵循哪些质量标准？

中药材种子种苗质量执行标准包括国家标准（GB）、地方标准（DB）、行业标准和企业标准，有国家标准的必须按照国家标准执行；没有国家标准，但有地方标准或行业标准的，按地方标准或行业标准执行；既无国家标准，也无地方标准或行业标准的按企业标准执行；以上标准均没有的，则按合同约定执行。

19. 中药材种植病虫害防治措施有哪些？

遵循“预防为主，综合防治”的植保方针，加强植物检疫。利用农业防治、物理防治、生物防治、化学防治等综合技术措施，把病虫害控制在允许范围内。当病虫害发生时优先选用农业、生物、物理等技术防治，常用措施有翻耕土壤，太阳光杀灭病株残体、地下病菌、虫卵等；适时播种、避开病虫危害高峰期；合理轮作、套作和间作，防止病虫害暴发；中耕除草，严格淘汰病株，及时摘除病叶、病果；施用植物源农药；采用灯光、色板、色膜进行驱避或诱杀害虫。必要时严格按照中药材农药种类与用量使用规定进行化学防治。

20. 你知道“药品标准”的重要性及其分类吗？

遵照《中华人民共和国药品管理法》及其实施条例规定，药品标准是国家对药品的质量规格和检验方法所做的技术规定，必须切实遵照执行，对保障人民用药安全、有效、稳定、可控具有重要意义。

药品标准分为三类：第一类，国家标准，即《中华人民共和国药典》（简称《中国药典》）；第二类，卫生部标准，卫生部颁发的药品标准（简称部标准）或药监局颁发的药品标准（简称局标准）；第三类，地方标准，即各省（自治区、直辖市）卫生局审批的药品标准。

21. 影响中药材品质的因素有哪些？

影响中药材品质的因素主要有种源质量、品种特性、种植地环境、种植及管理技术、采收及初加工技术、储运技术等。

22. 我国中药材交易市场有哪些？

1996年以来，经国家中医药管理局、卫生部、国家工商行政管理局批准，全国共设立了17个中药材专业市场：安徽亳州中药材交易中心；河南省禹州中药材专业市场；成都市荷花池中药材专业市场；河北省安国中药材专业市场；江西樟树中药材市场；广州市清平中药材专业市场；山东鄄城县舜王城中药材市场；重庆市解放路中药材专业市场；哈尔滨三棵树中药材专业市场；兰州市黄河中药材专业市场；西安万寿路中药材专业市场；湖北省蕲州中药材专业市场；湖南岳阳花板桥中药材专业市场；湖南邵东县廉侨中药材专业市场；广西玉林中药材专业市场；广东省普宁中药材专业市场；昆明菊花园中药材专业市场。

23. 可以通过哪些网站获取中药材价格、市场供需等相关信息？

中药材天地网（https://www.zyctd.com/）；康美中药网（http://www.kmzyw.com.cn/）；中药材诚实通（http://www.zyccst.com）等。

三、贵州省部分中药材栽培与初加工技术要点

（一）天麻

24. 什么是天麻？主要分布于我国哪些区域？

本品为兰科植物天麻（*Gastrodia elata* Bl.）的干燥块茎，具有息风止痉、平抑肝阳、祛风通络的功效，主要用于小儿惊

天麻

风、癫痫抽搐、破伤风、头痛眩晕、手足不遂、肢体麻木、风湿痹痛等症。主要分布于云南、贵州、四川等地，贵州省天麻主产区有大方、德江、雷山、汇川等县（区）。

天麻

25. 天麻对生产环境有什么要求？生产周期多长？

天麻喜凉爽湿润的环境，耐寒，忌高温。天麻大田生产中无性繁殖周期为1年，有性繁殖周期为1.5年。

26. 天麻仿野生栽培如何进行选地与整地？

选择半阴半阳的富含有机质的缓坡地、谷沟地栽种，土壤以排水良好、疏松、透气的沙壤土或沙土，尤以生荒地为好。平整地块宜开高厢，以利排水。为减少病虫害，应尽量避免连作。

27. 天麻的繁殖方式有哪些？如何选种？

天麻的繁殖分为有性繁殖和无性繁殖。天麻的有性繁殖是指以箭麻作种麻进行栽种，经过种茎抽薹、开花，结出蒴果，并采用蒴果内的成熟种子和萌发菌共培养，生产种麻的过程。天麻的无性繁殖是指利用白麻、米麻作种，用蜜环菌的菌棒、菌枝、基础培养料作为主要营养来源和辅助营养来源生产箭麻的过程，由于无性繁殖的天麻繁殖周期短、见效快，当年种植当年收获，因此生产上多采用这种方法。

天麻开花

选用有性繁殖生产的一代种麻，或一代种无性繁殖的二代种，要求无病虫害、无损伤、颜色正常、新鲜健壮。

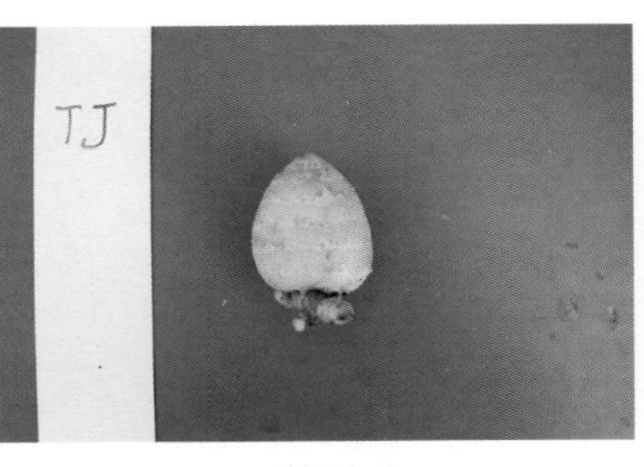

种麻

箭麻

28. 天麻如何进行田间管理？

（1）冬季和初春用覆盖物保温，穴内10厘米以下土层温度维持在0 ~ 5℃，7 ~ 9月一定要用覆盖物或搭荫棚来调节温度，将温度控制在26℃以下。

（2）水分管理。12至翌年3月应控湿防冻，土壤含水量30%，见墒即可。4 ~ 6月增水促长，土壤含水量60% ~ 70%，手握成团，落土能散。7 ~ 8月降湿降温，土壤含水量60%左右。9 ~ 10月控水抑菌，土壤含水量50%左右，手握稍成团，再轻捏能散。11月，土壤含水量30%左右，干爽松散。同时在生长季节注意清除杂草和防治病虫害。

29. 天麻栽培主要病虫害有哪些？如何进行防治？

（1）主要病虫害。

①块茎腐烂病。此病主要危害天麻块茎。主要表现为天麻块茎部分或全部腐烂。天麻块茎腐烂病的块茎外皮萎黄，中心组织腐烂，块茎内部呈异臭稀浆状态。上层天麻块茎有的腐烂、萎缩，有的则靠上部烂一部分或皮层坏死，而下层天麻不会受害。

②花茎黑茎病。天麻花茎黑茎病是天麻有性繁殖生产的重要病害，危害天麻花茎，通常由基部开始，初呈黑褐色或黑色不规则病斑，后形成黑茎向上扩展，严重时病部缢缩易折断。

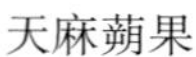

天麻蒴果

天麻结蒴果

纵剖病茎，可见髓部黑褐色坏死。受害花茎轻者有花，但不结实或结实率极低，重者从病部缢缩易折断死亡，染病早的花茎刚出土即死亡。

③日灼病。天麻抽茎开花后，由于未搭荫棚，在向阳的一面茎秆受强光照射而变黑，导致无法正常结实，植株在雨天，易受霉菌侵染而倒伏死亡。

（2）防治措施。

①生产地宜选土质疏松、通气、排水通气良好的地块，要避开老鼠、白蚁出没的地方。

②选择未被杂菌污染的菌材，菌种量要充足。

③用无损伤、生长旺盛的白麻（或称米麻）作种源，播种量要充足。

④填充料要压实，防止杂菌生长，保证天麻播后营养充足。

⑤加强窖场管理，做好防旱、防涝，严防窖内积水，保持窖内湿度稳定。

30. 天麻如何进行采收与初加工？

立冬后至翌年清明前采挖，采后应立即洗净，尽量防止碰伤，蒸透、敞开，低温干燥，以防霉变。

31. 天麻药材有什么质量要求？

天麻药材的质量不得低于《中国药典》（2015年版）的相关规定，水分≤15.0%，总灰分≤4.5%，二氧化硫残留量按照二氧化硫残留量测定法测定，≤400毫克/千克。浸出物含量（按照醇溶性浸出物测定法项下的热浸法测定，用稀乙醇作溶剂）≥15.0%。本品以干品计算，含天麻素和对羟基苯甲醇总量≥0.25%。

（二）太子参

32. 什么是太子参？主要分布于我国哪些区域？

本品为石竹科植物孩儿参［*Pseudostellaria heterophylla*（Miq.）Pax ex Paxet Hoffm］的干燥块根，具有益气健脾、生津润肺的功效，主要用于脾虚体倦、食欲不振、气阴不足、病后虚弱、自汗口渴、肺燥干咳等症。主要分布于贵州、福建、江西、江苏等省，贵州省主产区有施秉、黄平、瓮安等地。

太子参块根

33. 太子参对生产环境有什么要求？生产周期多长？

太子参喜欢肥沃、疏松、腐殖质丰富的沙质土壤。怕高温暴晒，抗寒能力较强。适宜生长区的海拔在800 ～ 2 700米。生产周期一般为9 ～ 10个月，太子参种子种植生产周期2 ～ 3年。

34. 太子参栽培如何选地与整地？

太子参种植基地宜选择疏松肥沃、向北、向东略带斜坡的沙壤土种植。一般在早秋作物收获后，将土地翻耕一次，播种前结合基肥施用再翻耕一次。施足基肥，一般每亩用腐熟的厩肥、人畜粪等混合肥3 000千克和过磷酸钙30千克，捣细撒匀后再行耕耙，整细土壤，除净草根、石块等杂物。做宽1.2米、高25厘米的畦，畦长依地形而定，畦沟宽30厘米。

35. 太子参有哪些栽种方式？

太子参主要采用块根栽种，分为横栽和竖栽。

(1) 横栽。在畦面上开直行条沟，沟深7 ~ 10厘米，沟内撒入腐熟基肥并稍加细土覆盖，将种参平卧摆入沟中，头尾相接，株距5 ~ 7厘米，行距15厘米，最后将畦面整理成弓背形。

(2) 竖栽。在畦面上开设直行条沟，沟深13厘米，将种参斜排于沟的外侧，芽头朝上平齐，离畦面7厘米，株距5 ~ 7厘米，栽后将畦面整成弓背形。

36. 太子参如何进行田间管理？

早春应浅锄1 ~ 2遍，以后见草就拔除，保持田间无杂草。栽植后保持土壤湿润，促使生根。当冬季雨雪、春季雨水偏多时，注意清沟沥水。施肥以农家肥、复合肥基施为主，一般在苗2叶1心期看苗施用复合肥，每亩用量5千克，特别瘦弱苗可用尿素溶液进行叶面喷施。

37. 太子参主要病虫害有哪些？如何防治？

主要病害有白绢病、根腐病、立枯病、病毒病、叶斑病等。防治措施：分别使用50%甲基硫菌灵可湿性粉剂800倍液、70%甲基硫菌灵可湿性粉剂500～1 000倍液、75%百菌清可湿性粉剂600～800倍液、20%杜克星可湿性粉剂500倍液、64%杀毒矾可湿性粉剂500倍液等药剂喷施。

主要虫害有蛴螬、地老虎、蝼蛄、金针虫等。防治措施：主要使用灯光诱杀成虫，可用90%敌百虫可溶性粉剂1 000倍液或75%辛硫磷乳油700倍液浇灌。

38. 太子参如何采收与初加工？

太子参一般于7月下旬采收。用齿耙翻挖，挖起来后抖掉参体上的泥土，去除茎叶，最后用箩筐等器物将参根装起来。

初加工方法是将新鲜太子参用清水洗净后，摊于晒场上，晒至三至六成干时，进行搓揉，搓去须根和泥土，再晒至脆干。

39. 太子参药材有什么质量要求？

太子参药材质量应符合《中国药典》（2015年版）中的规定，按干燥品计算，水分≤14.0%，总灰分≤4.0%，水溶性浸出物≥25.0%。

（三）半夏

40. 什么是半夏？主要分布于我国哪些区域？

本品为天南星科植物半夏［*Pinellia ternata*（Thunb.）Breit.］的干燥块茎，具有燥湿化痰、降逆止呕、消痞散结的功效，主要用于湿痰寒痰、咳喘痰多、痰饮眩悸、风痰眩晕、痰厥头痛、呕吐反胃、胸脘痞闷、梅核气等症；外治痈肿痰核。主要分布于贵州、陕西、四川、湖北、辽宁、河南、山西、安徽、江苏、浙江等地。贵州省主产区有赫章、大方、威宁等县（区）。

41. 半夏对生产环境有什么要求？生产周期多长？

半夏喜温暖怕炎热，生长适宜温度为15 ～ 27℃，不能长期高于30℃，土壤含水量在20%～ 40%时生长较为适宜，半夏生产周期一般为7 ～ 8个月。

42. 半夏栽培如何选地与整地？

选择半阴半阳的缓坡山地，前茬以玉米、豆料作物为宜，可在玉米地、油菜地、麦地、果木林进行套种。半夏最适宜播种期在2月下旬至3月下旬。栽种前将土深耕20 ～ 30厘米，细耙，栽种时再浅耕一遍，顺坡开100 ～ 120厘米宽高厢，厢面背呈龟背形，四周开排水沟。

43. 半夏如何进行田间管理？

（1）除草。出苗后随时除掉田间杂草。

（2）追肥。生长期追肥2～3次，第1次于4月中旬齐苗后，施1∶3的人畜粪水1 000千克/亩；第2次于5月下旬株芽形成时，施1∶3的人畜粪水2 000千克/亩，土杂肥1 000千克/亩，培土以盖住肥料和株芽。30天后再看苗情施肥，泼浇粪水1次，并施土杂肥1 000千克/亩，并进行培土；收获前30天内不得追肥。

（3）浇水。天旱严重时浇水1～2次，每次以浸润土层10厘米为宜，灌水后要及时疏松土壤，消除土壤板结。

44. 半夏倒苗是否会影响产量？

倒苗会影响产量，半夏遇高温强光会出现自然倒苗现象，并停止生长，延缓植株倒苗是半夏高产的一个重要措施。在栽培中除采取适当遮阳和喷（灌）水措施来降低光照强度和气温外，还可以适量喷施0.01%亚硫酸钠溶液，以减弱植株呼吸强度，从而延缓植株倒苗或减少倒苗次数，达到增产目的。

45. 半夏如何进行采收和初加工？

在收获时，如土壤湿度过大，可把块茎和土壤一起刨松一下，让其较快地蒸发出土壤中的水分，使土壤尽快变干，以便于收刨。刨收时，从畦一头顺行用爪钓或铁镐将半夏整棵带叶翻在一边，细心地拣出块茎。应将倒苗后植株掉落在地上的珠芽在刨收前拣出。刨收后地中遗留的枯叶和残枝应捡出烧掉，以减轻翌年病虫害的发生；半夏采收后需要产地加工，产地加工是影响半夏在后续产品商品化过程中质量好坏的一个重要环节。将收获的鲜半夏块茎抖去泥土，堆放室内，厚度50厘米，堆放15 ～ 20天，检查发现半夏外皮稍腐，用手轻搓外皮易掉，既可。忌暴晒，否则不易去皮。

46. 半夏药材有什么质量要求？

半夏药材质量应符合《中国药典》(2015年版）相关要求，以干品计算，水分≤14.0%，总灰分≤4.0%，水溶性浸出物≥9.0%，含总酸（以琥珀酸计）含量≥0.25%。

47. 半夏种植过程中需要注意什么？

一是怕涝，基地提前做好排水设施。二是忌连作，一般种过一季半夏后，至少要轮种禾本科、豆科类作物3年以上。

（四）钩藤

48. 什么是钩藤？主要分布于我国哪些区域？

本品为茜草科植物钩藤［*Uncaria rhynch0phylla*（Miq.）Jacks.］、大叶钩藤［*Uncaria macrophylla* Wall.］、毛钩藤［*Uncaria hirsuta* Havil.］、华钩藤［*Uncaria sinensis*（Oliv.）Havil.］或无柄果钩藤［*Uncaria sessilifructus* Roxb.］的干燥带钩茎枝。主要用于肝风内动、惊痫抽搐、高热惊厥、感冒夹惊、小儿惊啼、妊

娠子痫、头痛眩晕等症。主要分布于广东、广西、云南、贵州、福建、湖南、湖北及江西等地，贵州省主产区有剑河、锦屏、黎平、丹寨、从江、道真等县。

49. 钩藤对生产环境有什么要求？生产周期多长？

钩藤种植宜选择在海拔300 ~ 1 500米、光照充足，土层深厚、肥沃、疏松、排水良好而无污染的微酸性沙质壤土阴坡地种植。钩藤种植后1 ~ 3年都可采收，但1 ~ 2年植株分枝少，第3年后植株枝繁叶茂，达到丰产期。

50. 钩藤的常用育苗方法是什么？

钩藤的常用育苗方法包括分株育苗、扦插育苗、种子直播育苗。

贵州地区常用种子育苗，此法繁殖系数高，适于大面积栽培。在10 ~ 11月，当果实黄褐成熟时采集，日晒2天，用手把蒴果搓烂，使种子从蒴果内搓出，经细筛将种子筛出，再用白布包好，放入温度为50 ~ 55℃的水中浸泡5小时，让种子充分吸足水分，取出种子放在盆里拌草木灰进行消毒和打破种子表面蜡质层，然后拌河沙，有利于种子撒播均匀。在苗床上按行距20 ~ 25厘米条播，播种量一般15千克/公顷。播前开横沟，种子播于沟内，并施人畜粪水，干后先施一层火土灰，再覆上一层厚度1 ~ 2厘米的细土，轻轻压实，畦面覆盖禾草或茅草保湿。第二年春季种子出土后，及时揭除盖草。苗高2 ~ 3厘米时，施一次腐熟的人畜粪便，并结合松土除草，做好苗期管理工作。正常情况，播后的二年苗高可达40 ~ 60厘米，第三年春即可定植。

51. 种植钩藤如何选地、整地?

(1) 选地。宜选择半阴半阳、土层深厚、肥沃、疏松、排水良好而无污染的微酸性沙质壤土，阴坡地种植。

(2) 整地。于种植前一年秋冬季进行整地，在移栽前10 ~ 20天翻土1次，捡净杂物和细碎土块。按株行距1.5米 × 1.5米，穴径40 ~ 50厘米，穴深30 ~ 40厘米挖穴，打穴时表土、心土分开。结合施底肥回填，回填时先表土、后心土。

52. 钩藤如何栽种?

先在原来的穴中间挖小穴，每穴1株，扶正苗木，用熟土覆盖根系，当土填至穴深1/2时，将苗木轻轻往上提一下，以利根系舒展，再填土满穴，踏实土壤，栽后浇足定根水。当天起苗当天栽完为好，苗木运至种植地时应立即打浆，半天内无法完成栽植的苗木应进行假植。栽植时做到苗正根舒（苗木位于穴中，根系舒展，不得窝根）、深浅适宜。可按三角形定植，两排之间彼此错开，有利于合理立体种植、充分进行光合作用。高度保持在30 ~ 40厘米为宜，其余的用剪刀剪掉，有利于减少水分的蒸发，提高成活率。

53. 钩藤如何进行田间管理?

(1) 水分。种植后若遇干旱，有灌溉条件的地方可视干旱情况浇水1 ~ 2次。

(2) 追肥。定植返青后，每株施尿素0.05千克左右，以后每年春季再追施1次复合肥，每株0.1千克左右。冬季每株施腐熟的农家肥1千克左右，施肥时先在植株根旁挖小穴，放入肥料后培土。

（3）除草。视田间杂草危害情况，进行人工除草3～6次，去除的杂草可填埋在钩藤植株根部或带出种植地块统一堆放。

（4）修剪打顶。第1年钩藤长至1.5米时，要及时打顶，让钩藤多分枝以利提高产量。3年产钩后，每年在采收时，对茎蔓约留50厘米长短截，促使剪口萌发更多的健壮新梢，同时侧枝多于3枝以上时，剪去长势差或带有病虫害的干枯枝条。秋季需对将要停长的新梢摘心，可促进枝芽充实。

54. 钩藤栽培中主要有哪些病虫害？如何防治？

（1）主要病虫害。钩藤主要有根腐病、猝倒病、灰霉病、蚜虫、野蛞蝓等病虫害。

（2）防治措施。①加强田间管理，开沟排水，防止积水，发现病株及时拔除销毁；②选用肥沃、疏松、无病的新床土为苗床基质，适量通风、多透光，避免低温、高湿情况；③秋冬清洁田园，消灭越冬病源；④后期可用灭蛭灵颗粒剂、地蛆灵乳油等进行防治，适期施药，合理选择药剂。

55. 钩藤如何采收与初加工？

（1）采收。移栽2年后秋冬二季采收，人工用枝剪剪下或镰刀割下带钩的钩藤枝条，去除叶片、病枝，扎成把，运回。

（2）产地初加工。将带钩枝条晒干或在50～60℃烘干，水分含量＜10%即可。

56. 钩藤药材有什么质量要求？

钩藤药材质量应符合《中国药典》（2015年版）相关要求，水分≤10.0%，总灰分≤3.0%，醇溶性浸出物不得≥6.0%。

（五）白及

57. 什么是白及？主要分布于我国哪些区域？

本品为兰科植物白及［*Bletilla striata*（Thunb.）Reichb.f.］的干燥块茎，具有收敛止血、消肿生肌的功效，主治咯血、吐血、外伤出血、疮疡肿毒、皮肤皲裂等症。主要分布于陕西南部、甘肃东南部、江苏、安徽、浙江、江西、福建、湖北、湖南、广东、广西、四川和贵州等地，贵州省主产区有安龙、思南、正安等县（区）。

白及

58. 白及对生产环境有什么要求？生产周期多长？

白及喜温暖、阴凉湿润的环境，稍耐寒，长江中下游地区能露地栽培。耐阴性强，忌强光直射。适宜生长区平均气温18～20℃。最低日平均气温8～10℃，年降水量1 100毫米左右，空气相对湿度为60%～90%。土壤要求肥沃、疏松且排水良好的沙质壤土或腐殖质壤土，pH为6.5～7.5。白及生产周期为3～4年。

59. 白及如何选地与整地？

选择排水良好开阔地，应靠近水源或灌溉方便，耕地应在移栽前10天左右进行，深翻30厘米，开沟起垄，厢面宽1～1.5米，沟宽30～40厘米、深15～25厘米，以500～800千克/亩腐熟牛粪等农家肥作为基肥。

60. 白及如何栽种？

白及采用种苗移栽。每年3～6月、9～12月，雨后进行移栽，连续晴天土壤干燥可提前1天漫灌耕地再移栽。株行距为20厘米×30厘米，移栽密度为5 000～6 000株/亩，开沟条播。白及为耐阴植物，6～9月期间搭设遮阳网、离地高度为1～1.5米。

61. 白及如何进行田间管理？

白及全生长过程宜用无害化处理并腐熟的牛粪，每年3～7月撒施氮磷钾复合肥2～3次，每次施肥量10～30千克/亩，10～12月白及倒苗后，使用800～1 000千克/亩腐熟牛粪等农家肥撒施厢面作为追肥。雨季应该及时清理排水沟渠、不积水。在整个生育期应保持白及地下块茎部位土层湿润，土壤含水量保持在50%～80%。

禁止使用除草剂，采取人工除草。白及植株矮小，其栽培地易滋生杂草，在苗高3～6厘米后结合中耕施肥进行3～5次除草，中耕除草时应清理整地。

62. 白及主要病虫害有哪些？如何防治？

（1）主要病害。主要病害有锈病、根腐病、枯心病、叶枯病、炭疽病、白绢病等。

防控措施：及时清沟除杂，发现中心病株立即连同附近几株连根拔起，带出田间烧毁或深埋，清除病株。化学防治对应病症，规范用药，主要使用戊唑醇悬浮剂、烯唑醇可湿性粉剂、己唑醇悬浮剂、腈菌唑悬浮剂、丙环唑水乳剂、氟环唑可湿性粉剂、四氟醚唑水剂等药剂。

（2）主要虫害。主要虫害有叶螨（红蜘蛛）、蚜虫、地老虎、蛴螬等。

防治措施：使用哒螨灵乳油、阿维菌素乳油、阿维·哒螨灵、苦参碱水剂、乙基多杀菌素悬浮剂、吡虫啉悬浮剂、吡蚜酮悬浮剂、高效氯氟氰菊酯微乳剂、氰戊菊酯乳油等药剂，对应虫害，规范用药。

63. 白及如何采收与初加工？

（1）采收。大田栽种3～4年后，于秋末冬初采收，采挖时用平铲或小锄细心地将鳞茎连土一起挖出，摘去须根，除掉地上茎叶，抖掉泥土，运回加工。

（2）初加工。方法为除去杂质、须根，洗净，煮至白及块茎无白心即捞起，晒干。遇到连阴雨天气，移至仓库，热风、抽湿，存贮空间保持干燥。

64. 白及药材有什么质量要求？

白及药材的质量应符合《中国药典》（2015年版）的相关规定，药材水分≤15.0%，总灰分≤5.0%，二氧化硫残留量≤400毫克/千克。

（六）铁皮石斛

65. 什么是铁皮石斛？主要分布于我国哪些区域？

本品为兰科植物铁皮石斛（*Dendrobium officinale* Kimura et Migo）的新鲜或干燥茎，具有滋养阴津、增强体质、补益脾胃、护肝利胆、强筋降脂、降低血糖、抑制肿瘤、明亮眼睛、延年益寿等功效。主要分布于贵州、浙江、云南、安徽、广西、福建等地，贵州省主产区有独山、安龙、兴义、荔波、松桃等县（区）。

66. 铁皮石斛对生产环境有什么要求？生产周期有多长？

野生铁皮石斛生长于海拔500～1 000米、相对湿度60%～80%、林间透光度60%左右、生长季节温度20～25℃、冬季无霜多雾、年降水量1 100～1 500毫米的常绿阔叶林中及石灰岩上。铁皮石斛是多年生的中药材，从第3年开始采收，传统的采收年限是10年。

67. 铁皮石斛仿野生栽培如何选地与整地？

铁皮石斛栽培宜选半阴半阳的环境，空气湿度在70%以上、冬季气温在0℃以上地区；树种应以树皮厚、有纵沟、含水多、枝叶茂、树干粗大（如黄桷树、梨树、樟树等）且正常生长的活树为宜，石块地也应在阴凉、湿润地区，石块上应有苔藓生长且表面有少量腐殖质，栽培需割除杂草、清除枯枝树叶。

68、铁皮石斛仿野生栽培方式有哪些？如何栽培？

铁皮石斛的仿野生种植方式多种多样，可因地制宜，就地选材，生产上主要采用树栽法和石栽法，5 000丛计为1亩。①树栽法。4 ～ 9月，将炼苗驯化1 ～ 1.5年幼苗固定于离地面高1.2 ～ 2米的树干（健壮、无病虫害），层距25 ～ 35厘米，每层丛距4 ～ 6厘米。②石栽法。4 ～ 9月，铁皮石斛移栽于布满鲜活苔藓植物的石灰岩表面。

69. 铁皮石斛仿野生栽培如何进行田间管理？

（1）铺设必要喷淋系统，按需喷淋，保持铁皮石斛生长环境空气湿润，宜在11:00之前或16:00之后进行。

（2）清洁基地，适时割除杂草，清理枯枝落叶。

（3）在铁皮石斛生长季节喷施叶面肥，每年5次左右。

70. 铁皮石斛仿野生栽培主要病虫害有哪些？如何进行防控？

铁皮石斛主要病虫害种类及防控措施详见表3-1。

表3–1　铁皮石斛主要病虫害及防治措施一览表

病虫害名称	病原	防控措施	推荐药剂	推荐稀释倍数	施药方法
石斛疫病	疫霉属	①及时清除中心病株；②加强通风，控制基质湿度；③适期施药，合理选择药剂	木霉菌 0.5%小檗碱水剂 47%春雷王铜可湿性粉剂 25%嘧菌酯悬浮剂 10%氰霜唑悬浮剂	300～500倍 150～200倍 600～800倍 1 500倍 1 000～1 500倍	喷雾
石斛黑斑病	链格孢属	适时施药，合理选择药剂	木霉菌 500倍液 嘧啶核苷类抗菌素 3%多抗霉素可湿性粉剂 80%乙蒜素乳油 10%苯醚甲环唑水分散粒剂 50%异菌脲可湿性粉剂 43%戊唑醇悬浮剂	300～500倍 200～400倍 800～1 000倍 2 000倍 1 000～2 000倍 300～500倍 2 500～4 000倍	喷雾
石斛炭疽病	刺盘孢属	适时施药，合理选择药剂	10%苯醚甲环唑水分散粒剂 43%戊唑醇悬浮剂 25%咪鲜胺乳油	1 000～2 000倍 2 500～4 000倍 500～1 000倍	喷雾
蚜虫		①大棚内挂黄板诱杀；②释放蚜茧蜂；③适期施药，合理选择药剂	0.3%苦参碱水剂 0.6%乙基多杀菌素悬浮剂 35%吡虫啉悬浮剂 25%吡蚜酮悬浮剂	200～300倍 1 000～1 500倍 10 000～13 000倍 2 000～3 000倍	喷雾
地老虎		①糖醋液和黑光灯诱杀成虫；②适期施药，合理选择药剂	5%高效氯氟氰菊酯微乳剂 25%氰戊菊酯乳油	3 000～5 000倍 2 000～4 000倍	喷雾
菲盾蚧		①加强通风、降低湿度，减少虫口；②少量发生，人工捕杀或用软刷清除虫体；③未形成蜡质时用药防控	25%噻嗪酮可湿性粉剂 45%松脂酸钠水溶粉剂	1 000～2 000倍 80～100倍	喷雾

71. 铁皮石斛如何采收和初加工？

铁皮石斛应采老留嫩，11月至翌年3月选择晴天，剪下三年生以上茎枝，放在阴凉、通风、干燥地方贮藏，贮藏过程中要防虫、防霉、防鼠、防污染。

72. 铁皮石斛药材有什么质量要求？

铁皮石斛干品含石斛多糖≥25.0%，含甘露糖应为13.0%～38.0%；水分≤12.0%；总灰分≤5.0%。

（七）金钗石斛

73. 什么是金钗石斛？主要分布于我国哪些区域？

本品为兰科植物金钗石斛（*Dendrobium nobile* Lindl.）的新鲜或干燥茎，具有益胃生津、滋阴清热等功效，主要用于热病津伤、口干烦渴、胃阴不足、食少干呕、病后虚热不退、阴虚火旺、骨蒸劳热、目暗不明、筋骨痿软等症。主要分布于贵州、云南、四川、重庆、台湾、海南、湖北等地，贵州省赤水市是全国最大的金钗石斛生产基地。

74. 金钗石斛对生产环境有什么要求？生产周期多长？

金钗石斛适宜生长在海拔300～800米、冬季气温大于0℃、年平均气温大于18℃、6～8月平均气温大于32℃，年均湿度大于80%，年降水量大于1 200毫米，无霜期大于300天，遮阴度55%～70%的半阴半阳环境。金钗石斛是多年生的中药材，从第3年开始采收，传统的采收年限是15年。

75. 金钗石斛仿野生栽培如何选地与整地？

优选高温高湿丹霞地貌林，丹霞岩石丰富的稀疏林地栽培金钗石斛。栽培前需清除场地中的灌丛杂草、枯枝落叶、泥土，保留岩面苔藓。

76. 金钗石斛仿野生栽培如何进行种苗栽培？

（1）移栽时间。以每年3月上旬至4月下旬为宜，9月上旬至10月下旬次之。

（2）栽种密度。金钗石斛的产量主要决定于单株茎秆重和有效分蘖数，这就要求根据栽培场地的具体情况进行适当密植。一般情况下，按30厘米×30厘米的间距栽种为宜。

（3）栽种方法。采用“线卡+腐熟牛粪浆+活苔藓盖根法”，即准备好栽种用材料，将栽苗点局部的苔藓抠掉，再将苗的根须和基部贴于石面用线卡固定好，根系要自然伸展。如果线卡固定在植株的基部，会捂住基部，严重影响基部萌发新芽和新根，因此要求线卡固定在苗主茎基部以上的1.5～2.5厘米处，并且苗在石面上处于稳定状态。最后用活的苔藓轻轻贴于植株根部仿野生栽培。

77. 仿野生栽培金钗石斛如何进行田间管理？

（1）光照管理。常常采用阔叶林树木遮阴，遮阴度在

55%～75%较合适。在春季和夏季，将树上过密的枝叶除去，以免过于遮阴，妨碍石斛接受适宜的光照和雨露。

（2）除草、落叶、苔藓。金钗石斛栽种后，由于环境、肥水、生态等条件改善，容易滋生杂草，因此，每年要进行2～3次拔除杂草，要将根际周围的泥土、枯树枝落叶清除干净，特别是多雨季节，大量腐叶、浮泥对根的透气性影响很大，必须随时清除。但清除时特别注意两点：一是高温季节不宜除草，以免暴晒，不利生长；二是不要伤根，以免降低金钗石斛的生活力，影响石斛产量和品质；一定要控制苔藓的生长量，以不积水为宜。

（3）修剪。石斛栽种后，在每年春季萌发前或冬季采收后，将部分老茎、枯茎或部分生长过密植株剪除，调节其透光程度，以免过度郁蔽影响其正常生长。石斛栽种后，若生长环境好、管理水平高，3～4年进入丰产盛期。每丛在8～14株时分蘖状况良好，超过14株时可分蔸繁殖。

78. 金钗石斛病虫害如何进行防控？

遵循“预防为主，综合防治”的植保方针，加强植物检疫。利用农业防治、物理防治、生物防治、化学防治等综合技术措施，把病虫害控制在允许范围内。

79. 金钗石斛如何进行采收和初加工？

金钗石斛采收全年均可进行，生产中常在冬季采收。用剪刀或镰刀从茎基部将老植株剪割下来，留下嫩的植株加强管理，让其继续生长，翌年再采。

采收后的金钗石斛需除去杂质，先用稻壳搓，使其叶鞘脱落，然后砂炒，直到听到爆鸣声，茎呈金黄色，取出，放凉，用水洗尽稻壳、沙子或叶鞘后，自然晾干或烘干。

80. 金钗石斛药材有什么质量要求？

金钗石斛干品中石斛碱≥0.40%，水分≤12.0%；总灰分≤5.0%。

（八）丹参

81. 什么是丹参？主要分布于我国哪些区域？

本品为唇形科植物丹参（*Salvia miltiorrhiza* Bge.）的干燥根和根茎，具有活血祛瘀、通经止痛、清心除烦、凉血消痈的功效，主要用于胸痹心痛、脘腹胁痛、癥瘕积聚、热痹疼痛、心烦不眠、月经不调、痛经经闭、疮疡肿痛等症，不宜与藜芦同用。主要分布于河北、山西、陕西、山东、河南、江苏、浙江、安徽、江西及湖南等地，贵州省主产区有石阡、松桃、修文等县（区）。

82. 丹参对生产环境有什么要求？生产周期多长？

丹参喜温暖、湿润、阳光充足的环境，适宜在年平均气温18～25℃、平均相对湿度77%左右的条件下生长，在土壤深厚、排水良好、中等肥力的沙质壤土中生长发育良好，地下根部能耐寒，可露天越冬。在水涝、排水不良的低洼地会引起烂根，土壤酸碱度近中性为宜。过肥、过沙或过黏的土壤不利于丹参生长。丹参生长周期为2～3年。

83. 种植丹参如何选地与整地？

（1）选地。宜选择地势较高的缓坡地，土层深厚、疏松、肥沃、排水良好的沙质壤地块。

（2）整地。清除大田四周杂草并将地表清理干净，整地时每亩施入腐熟厩肥或堆肥2 500 ～ 3 000千克、过磷酸钙50千克，均匀深翻入土中作基肥。土地宜深翻35厘米以上。耙细土块，栽前起垄，垄宽0.8 ～ 1.2米，高25 ～ 30厘米，垄间距25厘米；大田四周还应开好宽40厘米、深40厘米的排水沟，以利于排水。

84. 丹参如何栽种？

丹参播种4 ～ 6个月即可起苗移栽。选择根系粗壮的小苗按起苗，起苗时间在冬季12月和翌年2月下旬至3月上旬，在整好的地垄上，按照株行距20厘米 × 30厘米在垄面开深8 ～ 10厘米的穴。将移栽苗用刀在距芦头10 ～ 15厘米处切断，用新鲜草木灰或50%多菌灵600倍液或70%甲基硫菌灵800倍液蘸根处理10分钟，晾干。斜放入苗1 ～ 2株，使苗的芦头向上，覆土，压实压紧，覆土至微露新芽即可。每亩栽7 000 ～ 9 000株。

85. 丹参如何进行田间管理？

（1）肥水管理。在生长过程中需要追肥3次。第一次，在4 ～ 5月丹参苗生长期，施用复合肥20千克/亩、尿素6千克/亩，在行间开沟施入并及时盖土；第二次，在6 ～ 7月打顶后，施用复合肥30千克/亩，撒施于垄上；第三次，在8 ～ 9月，施用硼肥1.5千克/亩，溶解后喷施于叶面。移栽定植后如遇干旱土壤缺水时，及时浇水灌溉。雨季要有良好的排水条件，种植地四周要有与畦沟连接的通畅排水沟。

（2）中耕除草。在生长过程中需要进行3次中耕除草。4月幼苗高8 ～ 12厘米时进行第一次，用锄头，注意勿伤幼苗；5 ～ 6月上旬花期前后第二次，用锄头进行；7 ～ 8月进行第三次，用手拔除。平时做到有草就除，封垄后停止中耕。

86. 丹参栽培中主要有哪些病虫害？如何防治？

（1）主要病虫害。主要病害有根腐病、疫病、叶斑病；主要虫害有根结线虫、银纹夜蛾、蛴螬、金针虫等。

（2）防控措施。实行轮作；注意排水，田间发现病株应立即拔出，生石灰处理病穴，防止蔓延；增施磷钾肥；于叶面上喷施0.3%磷酸二氢钾，以提高丹参的抗病力。①病害防治：主要使用多菌灵、甲基硫菌灵等药剂，对应病症，规范用药；②虫害防治：主要使用戊酸氰醚酯乳剂、辛硫磷颗粒等药剂，对应虫害，规范用药。

87. 丹参如何采收与初加工？

（1）采收。丹参定植后生长1年或1年以上，于11月中下旬地上部分全部枯萎后，选择晴天土壤稍干时进行采收。距地面5厘米处割去地上茎叶，分垄挖出丹参全根，抖去泥土。原地晒至根上泥土稍干燥，剪去地上部分，抖去沙土，不可用水洗。装入清洁的竹筐，运回加工。

（2）初加工。将收获的丹参剪除茎叶，抖掉泥土，禁用水洗，运回晒至六七成干时，成把捏拢，再晒至八九成干再捏1次，把须根全部捏断，晒干即为成品。以根条粗壮、无芦头、无须根、无霉变、外皮为红色者为佳。

88. 丹参药材有什么质量要求?

丹参药材质量应符合《中国药典》(2015年版)相关要求，水分≤13.0%，总灰分≤10.0%，酸不溶性灰分≤3.0%，水溶性浸出物≥35.0%；以干品计算，含丹参酮ⅡA、隐丹参酮和丹参酮Ⅰ的总量不得少于0.25%，含丹酚酸B不得少于3.0%。

（九）黄精

89. 什么是黄精？主要分布于我国哪些区域？

本品为百合科植物滇黄精（*Polygonatum kingianum* Coll. et Hemsl.）、黄精（*Polygonatum sibiricum* Red.）或多花黄精（*Polygonatum cyrtonema* Hua.）的干燥根茎。具有补气养阴、健

黄精植株

黄精

脾、润肺、益肾的功效，用于脾胃气虚、体倦乏力、胃阴不足、口干食少、肺虚燥咳、劳嗽咳血、精血不足、腰膝酸软、须发早白、内热消渴等症。根据原植物和药材性状的差异，黄精可分为姜形黄精、鸡头黄精和大黄精3种。黄精主要分布于河北、内蒙古、陕西等地；多花黄精主要分布于贵州、湖南、云南、安徽、浙江等地；滇黄精主要分布于贵州、广西、云南等地。贵州省主要种植多花黄精和滇黄精，主产区有水城、印江、石阡等县。

90. 黄精对生长环境有什么要求？生产周期多长？

黄精喜欢阴湿气候条件，具有喜阴、耐寒、怕干旱的特性。除此之外，黄精在土层较深厚、疏松肥沃、排水和保水性能较好的壤土中生长良好，在贫瘠干旱及黏重的地块不适宜生长。黄精的生产周期3年，二年可食用，但产量低，三年质地最好，产量较高。

91. 黄精栽培如何选地与整地？

黄精喜湿润，种植地应选林下、灌丛或山坡的背阴处，林地树种可以选择果树、竹林、华山松、杉木林、旱冬瓜、常绿阔叶林或落叶阔叶林等，以疏松、保水力好或沙壤土为宜。

选好黄精种植地后要进行土地清理，收获前茬作物后认真清除杂质、残渣，土壤消毒一般采用9%高锰酸钾溶液，防止或减少翌年病虫害的发生。整地后，将腐熟的农家肥均匀地撒在地面上，每亩施用2 000 ～ 3 000千克，再用牛犁或机耕深翻30厘米以上，暴晒，以消灭虫卵、病菌，然后耙平土壤。

92. 黄精带顶芽根茎切割育苗的方法是什么？育苗需要注意什么？

黄精带顶芽切割部分成活率较高，当年即可作为种苗。育苗时选取健壮、无病虫害的黄精根状茎，从顶芽以下有节，节交接处切段作为种苗，切段后伤口用草木灰处理，在苗床中集中培育，待切割伤口充分愈合、稳定，即可移栽。育苗环节需注意根状茎切割出苗后保持阴蔽环境（可用遮阳网，也可采用树枝或其他方式阴阴），遮阴度在50%～70%，勤除草。

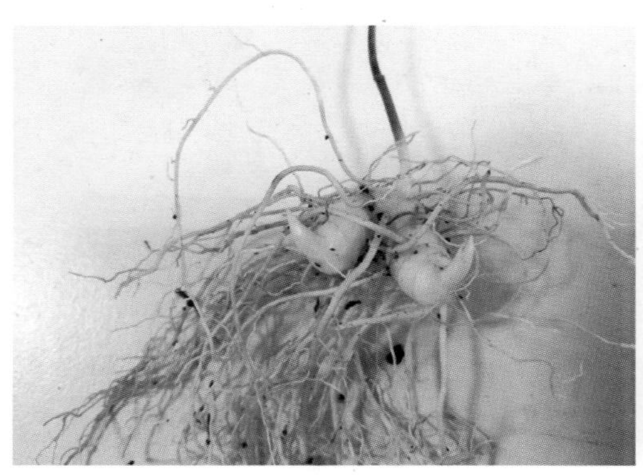
黄精块茎1

黄精块茎2

93. 黄精种苗移栽的最佳时间是什么时候？如何进行田间管理？

黄精一年生种苗移栽最佳时期在育苗第二年的12月，即大田黄精采收时期，最好是采收成熟黄精与移栽种苗同步进行。移栽时亦要选择晴朗的天气。以每亩3 200 ～ 5 000株为宜。

黄精喜湿怕旱，田间要经常保持湿润状态，遇干旱应及时浇水，在有条件的情况下，可以架设喷灌或滴灌，预防旱季缺水减产。种植最好选择稍有坡度的地方，平整或低洼地带要开高厢，以利雨季积水及时排出。

每年结合中耕除草进行追肥，前3次中耕后每亩施用土杂肥1 500千克，与过磷酸钙50千克、饼肥50千克混合拌匀后于行间开沟施入，施后覆土盖肥。

黄精幼苗期杂草生长相对较快，且处于当地的雨季，土壤容易板结，要及时进行中耕锄草，每年4～10月应各进行1次除草，具体时间可酌情选定。在除草松土时，注意宜浅不宜深，避免伤及黄精的根系，严禁使用化学除草剂。在黄精生长过程中，要经常清沟，培土于根部，避免根状茎外露吹风或见光。

黄精种子

黄精的花果期持续时间较长，并且每一茎枝节腋生多朵伞形花序和果实，致使消耗大量营养成分，影响根茎生长，因此，要在花蕾形成前及时将花芽摘去，使植株的营养输送到根茎。

94. 黄精种植主要有哪些病虫害？如何防治？

（1）主要病害。叶斑病主要危害叶片，发病初期由基部叶开始，叶面上生褪色斑点，后病斑扩大呈椭圆形或不规则形，大小1厘米左右，中间淡白色，边缘褐色，靠健康组织处有明显黄晕。病斑形似眼状，故也称眼斑病。病情严重时，多个病斑接合引起叶枯死，并逐渐向上蔓延，最后全株叶片枯死脱落。

黑斑病的病原为真菌中的一种半知菌，危害叶片，染病叶的病斑呈圆形或椭圆形，发病初期，叶片从叶尖出现不规则黄褐色斑，病健部交界处有紫红色边沿；以后病斑向下蔓延，雨季则更严重。病部叶片枯黄。

炭疽病主要危害叶片，果实亦可感染。植株受害后，病斑多从叶尖叶缘开始，初为水渍状褐色小斑，后向下、向内扩展成楔状、椭圆形至不定形斑，黑褐色，斑面云纹明显或不明显，斑边缘有黄色变色部，发病部位与健康部位分界不明晰。潮湿条件下病斑上散生小黑点。

防治措施：收获时清园，消灭病残体；发病前和发病初期喷施1 ∶ 1 ∶ 100波尔多液或50%退菌特可湿性粉剂1 000倍液，每隔7 ～ 10天喷1次，连续喷施数次。

（2）主要虫害。蛴螬和地老虎危害幼苗及根状茎。蚜虫危害叶子及幼苗。棉铃虫为鳞翅目夜蛾科害虫，幼虫危害蕾、花、果。

蛴螬、地老虎的防治措施：使用粪肥要充分腐熟，最好用高温堆肥；灯光诱杀成虫；用75%辛硫磷乳油按种子量0.1%拌种；田间发生期用毒饵诱杀。

棉铃虫的防治措施：常用黑光灯诱杀成虫。在幼虫盛发期用2.5%溴氰菊酯乳油2 000倍液，或20%杀灭菊酯乳油2 000倍液，或50%辛硫磷乳油1 500倍液喷雾；也可以用日本追寄蝇等天敌进行生物防治。

95. 黄精如何进行采收与初加工？

一般春、秋两季采收，以秋季采收质量好，选择晴朗天气，起挖根茎时按照种植垄栽的方向，依次将黄精块根带土挖出，去掉地上残存部分，使用竹刀或木条将泥土刮掉，注意不要弄伤块根，须根不用去掉，如有伤根，另行处理。注意：在初加工以前，切不可用水清洗。对起挖的根茎，选择大小中等、肥厚饱满、颜色润黄、无伤害痕迹、茎节较多者留作种栽。

96. 黄精药材有什么质量要求？

黄精药材质量应符合《中国药典》（2015年版）相关要求；黄精水分≤18.0%，总灰分≤4.0%，酸溶性浸出物≥45.0%；按干品计算，含黄精多糖（以无水葡萄糖汁）≥7%。

（十）党参

97. 什么是党参？主要分布于我国哪些区域？

本品为桔梗科植物党参［*Codonopsis pilosula*（Franch.）Nannf.］、素花党参［*Codonopsis pilosula*（Franch.）Nannf.var. modesta（Nannf.）L.T.Shen］或川党参［*Codonopsis tangshen* Oliv.］的干燥根，具有补脾益肺、养血生津的功效，主要用于脾肺气虚、食少倦怠、咳嗽虚喘、气血不足、面色萎黄、心悸气短、津伤口渴、内热消渴等症。主要分布于我国山西、四川等地，贵州省主产区有威宁、水城、盘县、道真等地。

98. 党参对生产环境有什么要求？生产周期多长？

党参喜温和、凉爽气候，怕热，较耐寒，在各个生长期，对温度要求不同。一般在海拔1 400 ～ 2 100米的半阴半阳或阴坡、温度8 ～ 30℃、降水量500 ～ 1 200毫米的条件下能正常生长，幼苗喜阴，成株喜光。一般合理采收期以3 ～ 5年为好，直播田生长3年可采收，而移栽田栽后生长年也可采收。

99. 栽种党参如何选地整地?

选择土层深厚、土质疏松、排水良好、富含腐殖质、不含石块及瓦砾等杂物的地块；低洼地块、黏重的白鳝胶泥土地块、耕作层浅的地块以及富含石块的地块都不宜用于种植，忌连作，种植过党参的地块最好间隔3年以上再次种植。苗圃地宜选择半阴半阳、距水源较近的地块，定植地宜选择在向阳的地方。用于种植党参的地块要精耕细耙，细碎土块，清除土中石块瓦砾及恶性杂草残根等杂物。

100. 党参有哪些栽种方式?

生产上用种子繁殖，切记不用未成熟的种子，常采用育苗移栽，少用直播。

播种时间：春播宜早，在威宁繁殖党参苗，最适宜的播种时间是农历正月二十前后，秋播在10月进行。撒播用种量约1千克/亩，条播用种量约0.8千克/亩。苗高约10厘米时，按株距2 ～ 3厘米间苗，生长一年后，一般于早春土壤解冻后至幼苗萌芽前移栽，按行距20 ～ 30厘米、株距6 ～ 10厘米栽种。

101. 党参栽培如何进行田间管理?

党参一般生长期需要施肥3次，第一次在春季中耕除草后追肥，间隔1个月再进行第二次追肥，第三次则在秋季搭架前进行。所用的肥料必须符合无害化卫生标准，若使用有机肥，则必须充分腐熟，视天气情况浇灌或防涝。

一般当年生的党参都要及时把花蕾摘掉，二年生以上的，除需留种的以外，其他的都应及时摘花、打顶，以保证根的质量和产量。

102. 党参主要有哪些病虫害？如何防治？

党参病虫害主要有根腐病、紫纹羽病、白粉病、斑枯病等。

防治方法：①轮作2年以上；清洁田园，合理施肥，加强田间管理；②发现病株及时拔除烧毁，并在病穴处浇注10%石灰水进行消毒；③移栽前要用消毒水进行浸泡种秧30分钟，晾干后栽植；④栽种时要合理密植；保证其透气透水性良好。

103. 党参如何进行采收与初加工？

（1）采收。秋季地上部枯萎至结冻前采挖，先将茎蔓割去，然后挖出参根。

（2）初加工。抖去泥土，洗净，按粗细大小分别晾晒至柔软状，用手顺根握搓或木板揉搓后再晒，如此反复3 ～ 4次至干。

104. 党参药材有什么质量要求？

党参药材质量必须符合《中国药典》（2015年版）相关要求，水分≤16%，总灰分≤5.0%，二氧化硫残留量≤400毫克/千克，醇浸出物不得少于55.0%。

（十一）艾纳香

105. 什么是艾纳香？主要分布于我国哪些区域？

艾纳香［*Blumea balsamifera*（L.）DC.］为菊科艾纳香属多年生木质草本植物。艾纳香以根、嫩枝、叶入药，具有祛风消肿、活血散瘀的功效，可用于感冒、风湿性关节炎、产后风痛、痛经等症；外用于跌打损伤、疮疖肿痛、湿疹、皮炎等症。《中国药典》（2015年版）收载中药材艾片（左旋龙脑），即由艾纳香的新鲜叶经提取加工制成的结晶，主要分布于云南、贵州、广西、广东、福建和台湾等地，贵州省主产区有罗甸、望谟、册亨等地。

106. 艾纳香对生产环境有什么要求？生产周期多长？

艾纳香是热带、亚热带植物，耐旱不耐寒。艾纳香种植对土壤条件要求不严，能耐瘠薄，但以疏松、排水良好的沙质土壤为好，无论熟土或荒地都能生长。

艾纳香种植第三年产量达到高峰期后逐年衰退，5 ～ 6年需要更新换植。

107. 艾纳香大田栽培如何进行选地与整地？

艾纳香种植应选择向阳、地势干燥、易排水的地块；土壤以土层深厚、含沙（砾石）酸性或中性壤土为好，忌重茬连作。

种植前土地深翻30 ～ 50厘米，如使用农家肥可在翻耕前撒施，作畦，将畦面整平，清除残茬和杂草。

108. 艾纳香的繁殖方法是什么？如何选择苗源？

艾纳香的繁殖方法有两种：种子繁殖、根分生苗繁殖。生产上主要采用以根分生苗为苗源繁殖。以每株具5 ~ 10叶，株高5 ~ 20厘米，根嫩白，带10厘米母根，无病害的远蔸分生苗为最优苗源。

109. 艾纳香种苗适宜什么时间移栽？

3月下旬至5月进入雨季时移栽。每亩需要种苗600 ~ 1 200株。

110. 艾纳香栽种后如何进行田间管理？

幼苗成活后（5月中旬至6月上旬）进行第一次中耕除草，结合追肥的中耕除草，近株松窝，距植株10 ~ 15厘米外深中耕。6月下旬至7月上旬进入旺盛生长期前进行第二次中耕除草，应浅松，保留根生苗，视杂草发生情况，随时除草。

按前轻、中重、后补的原则，全年可结合中耕追2 ~ 3次肥。第一次可用复合肥和尿素（复合肥：尿素＝4 ： 1），追肥12 ~ 15千克/亩；第二次进入生长旺盛期，追肥宜重，可追复合肥15 ~ 25千克/亩；第三次根据长势看苗施肥，少量补追尿素，8月下旬至9月中旬，3 ~ 5千克/亩。施肥方法应掌握离植株8 ~ 10厘米点施或环施，结合中耕，覆土翻入土层。

111. 艾纳香栽培中主要有哪些病虫害？如何防治？

艾纳香在整个生长周期中，可能发生根腐病、枯萎病、叶褐斑病、红点病、病毒病等病害；需要防治的虫害有蛀心虫、跗粗角叶甲、蚜虫、夜蛾、菜蝽（象）、蜗牛等。

（1）根腐病。防治方法：①选用健康的当年春发苗作移栽苗，注意肥水管理。②对地下害虫如金针虫等进行防治。③发病期，选用50%多菌灵500倍液等药剂灌根窝。

（2）枯萎病。防治方法：①生长期间增施磷肥和钾肥，促进植株生长健壮，增强抗病能力。雨季注意清沟排水。②发病初期拔除病株，病穴和病区用石灰粉进行土壤消毒，可选用恶霉灵可湿性粉剂300倍液，或50%多菌灵500倍液或50%甲基硫菌灵1 000倍液，75%敌克松可湿性粉剂800倍液浇灌病区；及时防治地下害虫的危害。

（3）叶褐斑病。防治方法：①加强栽培管理，良好的栽培措施可有效减轻病害的发生。②利用艾纳香的速生性和枯叶可收获加工艾粉的特点来防治。生长季节早期（6月之前）发现枯叶植株要及时摘除，6月之后让枯叶保留在植株技上，待收获期收获枯叶加工艾粉。③采用轮作方式更新艾纳香。④采用良好的栽培措施一般能控制该病害的发生，通常不必施药防治。若发生量大，可选用75%百菌清可湿性粉剂600倍液，或65%代森锌可湿性粉剂500倍液，或50%硫菌灵可湿性粉剂500倍液，或50%多菌灵可湿性粉剂500倍液，或64%杀毒可湿性粉剂400 ~ 500倍液，或25%杀菌乳800倍液等药剂喷施防治。

（4）红点病。艾纳香红点病为生理性病害，对初出现病斑的植株及时施氮肥，病害可得到控制。加强田间管理，及时施肥可有效地防治此病害。

（5）蛀心虫。防治方法：①加强栽培管理，良好的栽培措施加上艾纳香速生性，可有效地减轻蛀心虫的危害。②5月下旬至6月初的危害盛期，掌握虫口密度达百穴90头以上可选用50%杀螟松乳油或90%敌百虫或25%杀虫双水剂200 ~ 250倍液等喷施防治；8月下旬至9月上旬的危害盛期，正好接近艾纳香收获期，可不必喷施药防治。

（6）蹄粗角叶甲。防治方法：①越冬前，清除田间残枝落叶，并进行冬灌处理，以达到防治目的。②在每年的5～6月，越冬虫口密度较大时，或在发生盛期时，防治2～3次。药剂防治，可选用90%敌百虫晶体1 000倍液，或20%的溴氰菊酯2 000～3 000倍液，或20%速灭杀丁3 000倍液等药剂喷雾防治。

（7）蚜虫。防治方法：①铲除杂草，减少越冬虫害。②保护利用天敌昆虫，发挥天敌控制作用。③发生期可用10%吡虫啉可湿性粉剂2 000～2 500倍液或20%吡虫啉（康福多）可溶液剂2 500～4 000倍液、50%灭蚜松乳油1 000～1 500倍液、40%乐果乳油1 000倍液、50%抗蚜威可湿性粉剂1 000～1 500倍液等药剂喷施防治。

112. 艾纳香如何进行采收与初加工？

（1）采收。于12月前后，当叶片呈黄绿色时及时采收。先将脱落的艾叶集中，然后分期分批摘下成熟的叶片，割下嫩枝，采收时宜选择晴天早上或傍晚进行。

（2）初加工。艾纳香叶和嫩枝经过蒸馏技术加工形成艾粉，再将艾粉提炼，可制成天然冰片。

113. 艾纳香药材有什么质量要求？

艾纳香通常加工成艾片使用。根据《中国药典》（2015年版）规定艾片的熔点应为201～205℃，含异龙脑≤5.0%，含樟脑≤10.0%，含左旋龙脑（以龙脑汁）≥85.0%。

（十二）何首乌

114. 什么是何首乌？主要分布于我国哪些区域？

本品为蓼科植物何首乌［*Polygonum multiflorum* Thunb.］的干燥块根，具有解毒、消痈、截疟、润肠通便的功效，主要用于疮痈、瘰疬、风疹瘙痒、久疟体虚、肠燥便秘等症。主要分布于陕西南部、甘肃南部、华东、华中、华南、四川、云南及贵州，贵州省主产区在施秉、湄潭等地。

何首乌原植物形态图

115. 何首乌对生产环境有什么要求？生产周期多长？

何首乌喜温暖湿润环境，耐寒、耐阴，喜生长在排水良好、土层深厚、结构疏松、腐殖质丰富的沙质壤土，忌干旱和积水。何首乌一般种植3年以后就可采收。

116. 种植何首乌如何选地整地？

种植何首乌宜选择地势高、排水畅通、土壤有机质含量较高的壤土或沙壤土。茬口选择种植水稻3年以上的绿肥翻耕地、空闲地最为适宜，其次是油菜茬。何首乌怕涝，切忌在低洼地种植。11月，将选好地块清除杂草、石块等杂物，耕翻30厘米左右。翌年3月移栽前结合施肥再进行一次耕翻。耕后打碎土块，捡去石块、宿根及其他杂物。施入基肥，耙细整平，做高畦，畦面积的大小根据地势而定，一般采用宽约130厘米的高畦。

117. 何首乌如何栽种？

何首乌可采用种子繁殖、扦插繁殖和块根繁殖等繁殖方式。

（1）种子繁殖。一般于4月上中旬播种，行距10厘米，开沟撒播，覆土厚1.5 ~ 2厘米，覆土后浇透水。每亩播种量1.5 ~ 2千克，约15天幼苗出齐。待苗高10 ~ 15厘米时，可按行距50厘米、株距30厘米定植于大田。

（2）扦插繁殖。于7 ~ 8月间，剪取茁壮枝条，长10 ~ 15厘米，斜插于苗床，保持土壤湿润，20天可生根。成活后，培育1年，翌年春季移栽。

（3）块根繁殖。于早春栽种。在平整好的土地上，按行距50厘米、株距30厘米开穴栽种，每穴放种根1块。穴深6 ~ 10厘米，覆土5厘米。

118. 何首乌如何进行田间管理？

何首乌种植后，需要进行施肥、灌溉和排水、搭架、剪蔓和打顶、摘花和培土等田间管理措施。

（1）施肥。在何首乌齐苗后（复叶3 ~ 5叶时），亩施复合肥20千克或尿素15千克左右；块根膨大期，亩施复合肥20千克或尿素15千克左右作膨大肥，促进地下部分块根膨大。生长后期，每亩用磷酸二氢钾150克兑水进行叶面喷雾2 ~ 3次。

（2）灌溉和排水。何首乌在生长季节应保持土壤水分。何首乌苗移栽后田间湿润，利于植株成活，成活后少浇水。雨季要做好排水工作，地块四周要挖好排水沟，以防何首乌遭浸渍烂根。

（3）搭架、剪蔓和打顶。对已生长的何首乌藤按顺时针方向缠绕在竹竿或木杆上，每株留1～2藤，多余的剪去，松脱的地方用绳子固定。当藤牵到杆顶时，应及时打顶促分枝；当距地面1米以下出现分枝或地下分蘖苗时，用枝剪剪去，距地面1米以上的分枝保留，每株最多留两枝主藤；当地上部分生长旺盛、枝叶过多或枝长于杆顶而下垂时，须剪去过多的枝、叶及徒长枝，以利于植株下层通风透光和集中养分供块根生长与膨大。打顶、剪蔓在每年6～10月进行，视何首乌生长情况进行修剪，约每月1次，每年5次左右。

（4）摘花和培土。除留种株外，在5～6月或8～9月间摘除已现花蕾的花，以免养分分散，影响块根生长。每年12月底之前培土2～3次，以增加繁殖材料，促进块根生长，并结合施肥、除草。

119. 何首乌栽培中主要有哪些病虫害？如何防治？

何首乌在整个生长周期中，可能发生根腐病、叶褐斑病、轮纹病、锈病、病毒病等病害及蚜虫、蝽、叶甲等虫害。

（1）根腐病。病菌危害根、茎。防治方法：①轮作。与禾本科作物如小麦等轮作2～3年，切忌连作。②生长期间增施磷钾肥，促进植株生长健壮，增强抗病能力；雨季注意清沟排水；及时防治地下害虫的危害。③发病初期可选用恶霉灵可湿性粉剂300倍液，或50%多菌灵500倍液或50%甲基硫菌灵1 000倍液，75%敌克松可湿性粉剂800倍液浇灌病区防治。

（2）叶褐斑病。病菌主要危害叶部。防治方法：①清洁田园，及时剪除过密茎蔓和老、病叶，减少田间病原菌的积累和传播。②加强栽培管理，合理施肥，雨后及时排水。③发病初期，摘除病叶，可选用1 ： 1 ： 120的波尔多液，或用65%代森锌500 ～ 800倍液，或50%苯菌灵1 500倍液，或80%敌菌丹1 500倍液，或0.5%代森锌600倍液，或12%绿乳铜600倍液等药剂喷雾防治。

（3）轮纹病。危害叶片，7 ～ 9月为发病盛期。防治方法：①入冬前清除田间病残体，集中烧掉。②加强栽培管理，合理施肥，雨后及时排水，增强植株抗病力。③发病初期，人工摘除病叶深埋，并选用50%代森锰锌600倍液，或50%甲基硫菌灵1 000 ～ 1 500倍液，或50%多菌灵800倍液等药剂喷施防治。

（4）锈病。锈病主要危害叶片。5月上旬至6月下旬为发病期，高湿利于锈病发生。防治方法：①加强栽培管理，合理施肥，增强植株抗病力。②清除转主寄主。③发病期可选用15%三唑酮可湿性粉剂1 000 ～ 1 500倍液，或50%萎锈灵乳油800倍液，或50%硫黄悬浮剂300倍液等药剂喷施防治。

（5）病毒病。防治方法：①选用无病毒病的种苗留种。②在何首乌生长期，及时灭杀传毒虫媒。③发病时，若需施药防治，可选用磷酸二氢钾或20%毒克星可湿性粉剂500倍液，或0.5%抗毒剂1号水剂250 ～ 300倍液，或20%病毒宁水溶性粉剂500倍液等药剂喷施。

（6）蚜虫。防治方法：①清除杂草，减少越冬虫害。②蚜虫发生期可选用10%吡虫啉4 000 ～ 6 000倍液，或50%抗蚜威（辟蚜雾）可湿性粉剂2 000 ～ 3 000倍液，或2.5%保得乳油2 000 ～ 3 000倍液，2.5%天王星乳油2 000 ～ 3 000倍液，或10%氯氰菊酯乳油2 500 ～ 3 000倍液等药剂喷雾防治。

（7）蝽。防治方法：①加强田间管理，及时中耕除草，可消灭部分若虫、成虫。②虫口密度大时可选用2.5%溴氰菊酯

3 000倍液或21%增效氰马乳油4 000～5 000倍液，防治1～2次。

（8）叶甲。防治方法：①利用成虫的假死性，早、晚在叶上栖息时，将其振落，集中消灭。②保护和利用天敌。③适时清洁园地，防止成虫产卵。④在成虫盛发期可选用50%辛硫磷乳油1 500倍液，或5%氯氰菊酯乳油2 000倍液，或20%绿·马乳油1 500倍液，或0.6%苦参烟碱1 000倍液等药剂喷施防治。

120. 何首乌如何采收与加工？

秋、冬二季叶枯萎时采挖，削去两端，洗净，个大的切成块，干燥。

121. 何首乌药材有什么质量要求？

何首乌药材的质量不得低于《中国药典》（2015年版）相关规定，水分≤10.0%，总灰分≤5.0%，按干燥品计算，含2，3，5，4-四羟基二苯乙烯-2-O-β-D-葡萄糖苷≥1.0%；含结合蒽醌（以大黄素和大黄素甲醚的总量计）≥0.10%。

（十三）茯苓

122. 什么是茯苓？主要分布于我国哪些区域？

本品为多孔菌科真菌茯苓［*Poria cocos*（Schw.）Wolf］的干燥菌核，具有利水渗湿、健脾、宁心的功效。主要分布于贵州、福建、广东、广西、浙江、湖南、四川、云南等地，贵州省主要产区有黎平、剑河、平塘等县（区）。

123. 茯苓的菌核是怎么形成的？有什么特征？

茯苓菌核是茯苓菌丝体在不适宜的环境或逆境中在适当位置相互紧密地缠结在一起而形成的。菌核主要由3个部分组成，最外层称为茯苓皮，坚韧皮壳；近皮层处称为赤茯苓，茎肉淡红棕色，由多糖粒和双核菌丝组成；中心称为白茯苓，是积累的一层多糖，白色，有少量菌丝。菌核的形成经过下面几个阶段：20 ～ 30天菌丝长满菌材，菌丝乳白色逐渐变成褐色，100 ～ 120天开始结苓：形成浆汁（菌丝、菌丝呼吸产生的水分，菌丝分解纤维素产生的糖类），流出形成潮湿的小穴，菌丝沿小穴生长2 ～ 3天形成豆粒状的小核（表面薄而白或淡黄色的菌膜，内部为乳状浆汁和菌丝扭结团），内含物流出与表面菌丝粘连，形成皮壳（室内培养一般不形成皮壳），向内逐渐积累多糖类物质，形成白茯苓。

124. 茯苓菌丝有什么特征？目前市场主要流通的茯苓菌种是哪些？

茯苓菌丝呈白色的绒毛状，但老化退化之后由于细胞壁的加厚变成棕褐色。菌丝在菌材上结成梯形或网状的交织结构，菌丝布满菌材之后，菌丝会逐渐加厚。平板培养时，茯苓菌丝常会出现特殊的菌落形态特征，菌丝生长初期，紧贴于培养基表面呈放射状生长，组成菌落中最稀薄的一环；随着菌丝继续生长，较多的气生菌丝组成了另一个同心环，这种特殊的“同心环纹菌落”可作为茯苓早期的鉴别特征。有些茯苓菌丝可以分泌出色素，而不分泌色素的茯苓菌株产量可能一般。目前，市场上流通性较好的菌株是获得国家专利菌株的5.78（CGMCC

保藏号），该菌株接苓率高、环境适应性强且菌种有完整的复壮体系。

125. 茯苓种植对场地有哪些要求？

（1）海拔。400 ～ 1 000米。

（2）坡向。选全日照或半日照向阳坡，如有较高的山头作自然屏障更好，温度以15 ～ 35℃为宜，忌北风吹刮。

（3）坡度。适宜于15° ～ 30°的缓坡地段，忌低洼、平地、凹陷谷地。

（4）土壤。以排水良好、疏松透气、沙多泥少的夹沙土（含沙60%～ 70%）为宜。土层厚度达50 ～ 80厘米，上松下实，含水量在25%左右。以pH在5 ～ 6的微酸土壤为宜，忌碱性土壤。

（5）其他。选择苓场时，应考虑栽培用材归集的成本费及其他情况，如果是曾栽培过茯苓的苓场，前后茬间隔要在5年以上。

126. 茯苓的栽培方式有哪些？

（1）松树蔸（纯菌种）栽培方法。该法是指在采伐松树时，选择直径12厘米以上树蔸，将周围地面的杂草、灌木砍掉，将落叶和腐朽木材清除干净，深挖30 ～ 50厘米，把树蔸和侧根都暴露在土外，树桩部分像段木一样相间4 ～ 6厘米削皮留筋，侧根部分削皮3条、留筋3条，树蔸的主根不截断，侧根按上短下长的要求，上坡侧根留20 ～ 30厘米，下坡侧根留50 ～ 80厘米，多余部分截断，并截掉10 ～ 15厘米一段，使菌丝不再外引。挖土晒蔸时，蔸底不留坑，以防积水，树蔸的上坡和两侧要开好排水沟。

（2）复式栽培方法。即茯苓纯菌种+苓种（菌核）的复式种植，指菌材接种（纯菌种）上引后，再一次用苓种（菌核）贴接下种的栽培方法。

127. 茯苓的栽培中主要有哪些病虫害？应如何防治？

茯苓在生长过程中病害主要是腐烂病，导致腐烂病的原因是繁殖材料不清洁、排水不畅、窖底不平、窖面土壤板结、通气不良等。防治原则主要是提前预防，防治方法：①段木要清洁、干净；②苓场要保持通风通气和排水良好；③发现此病要及时采收；④下窖前苓窖要用石灰消毒。

虫害主要是白蚁。白蚁的危害主要是蛀食段木，影响茯苓生长，造成减产或不结苓。防治方法：①选苓场时要避开蚁源，苓场要选择向南、向西的坡向且土壤干燥，挖地时要将腐朽树根清除干净。②段木和树蔸要干燥，最好冬前备料，4月中旬至5月中旬下种。③苓场周围挖一道深50厘米、宽40厘米的封闭环形沟，作为驱蚁带和隔离带，并定期在环形沟内撒施石灰，既可防止白蚁进入苓场，又可排水。④在苓场附近挖诱集坑，坑内放置松木块、松毛或庶渣等，用石头盖好。10天检查一次，发现白蚁后，直接用纯净的松节油喷雾触杀。⑤下窖接种后，在晴天的中午，要对苓窖表土进行仔细观察和检查，当发现苓窖表土有细小如粉末状的土粒出现时，说明已有白蚁钻入窖内危害。此时，应扒开窖土找白蚁，发现白蚁后立即用纯净的松节油喷窖触杀。

128. 茯苓的采挖有哪些注意事项？

（1）采收时间。选择晴天采收，以保证茯苓外观质量好，有色泽，不易腐烂；若雨天采收，则茯苓容易变黑、腐烂。

（2）采挖方法。先用小锄扒开苓窖表面土层，把握茯苓个体大小和生长位置，然后用锄头小心取出茯苓。复式栽培的茯苓，一般均生长在段木尾端，个体大而丰满，其他部位有零星结苓。取挖时扒开段木尾端的泥土，确定茯苓位置，起挖茯苓时小心仔细，尽可能不挖破茯苓，以免断面沾污泥沙，挖出的茯苓不得让太阳直晒。

（3）保存“茯神”。起挖茯苓时，发现茯苓抱着树根生长的，不应剥开，整体单独保存，此为“茯神”。万一弄破或剥离树根的，亦要与“茯神”收集在一起，其被抱长的树根为“茯神木”。

129. 茯苓药材有什么质量要求？

茯苓药材的质量不得低于《中国药典》（2015年版）的相关规定，水分≤18.0%，总灰分≤2.0%，醇浸出物不得少于2.5%。

（十四）缬草

130. 什么是缬草？主要分布于我国哪些区域？

本品为败酱科植物宽叶缬草（*Valeriana officinalis* L.var. *latifolia* Miq.）的干燥根及根茎，具有抗抑郁功能及镇静、安眠、抗惊厥等药理作用，主要用于跌打损伤及心神不安、胃弱、腰痛、月经不调等的治疗。主要分布在我国东北至西南的广大地区，贵州省主产区有江口、剑河、施秉、黄平等县（区）。

131. 缬草对生产环境有什么要求？生产周期多长？

缬草喜湿润，干旱对植株生长不利，特别是对幼苗影响较大。缬草耐寒冷，中性、微碱、微酸性的土壤均可种植，但要求土壤质地以壤土或沙质壤土为好，生产周期为1年。

剑河县缬草种植基地

132. 种植缬草如何选地整地？

种植地以靠近水源、土壤深厚肥沃的沙质土壤或山坡地为好。先在土地上施用300吨/公顷的腐熟有机肥作底肥，然后进行翻耕，使土壤松软细腻。

133. 缬草如何进行种子播种育苗？

（1）种子采收及处理。缬草种子细小，极易随风飘落。在4月下旬，待种子大多数呈黄褐色时，及时将整个花序剪下，后熟几日，然后将种子抖落，自然阴干。选择晴天将种子晾晒

2 ～ 3天，之后用白布包好，用手轻揉2小时，再把种子放入50℃的水中浸泡4天，注意换水。让种子吸足水分后，取出，沥干水分，放在盆里拌草木灰进行消毒，拌上河沙播种。

（2）苗床准备。选择靠近水源、灌溉方便、土层深厚的低地。播种前进行犁耕，起高垄，垄距约65厘米，高12 ～ 16厘米，垄上开沟，深1 ～ 2厘米。

（3）播种方法。播种的方式为撒播，5月中旬在整理好的厢面上均匀撒播（每公顷用种量750 ～ 900g），播后不盖泥土，适量浇水。不进行施肥。

缬草种植的最佳时间是每年的12月至翌年1月（立春—雨水），选择阴天或雨后种植。每亩需用种苗约4 300株。

缬草植株形态

134. 缬草如何进行田间管理？

缬草喜湿怕水渍，应经常保持土壤湿润。连雨季来临时必须保证田间水沟排水通畅，大田无积水。

缬草种植的施肥以农家肥为主，辅以复合肥。在施足底肥的基础上，结合中耕除草进行两次追肥，第一次追肥在春季出苗或返青后，每亩用人畜粪水或沼液1 000 ～ 1 500千克或尿素8 ～ 10千克；第二次追肥在6月中上旬，每亩用人畜粪水1 000千克，另用2%磷酸二氢钾每隔7天根外追肥一次，连续追施2 ～ 3次。

幼苗期应勤除草和勤松土。随着苗逐渐长大，根多分布于表土层，中耕宜浅，以免伤根。当根露出土面时，及时培土。

135. 缬草栽培中主要有哪些病虫害？如何防治？

缬草的主要病害有根腐病、轮纹病、白霉病、斑枯病、细菌性软腐病、花叶病；主要虫害有菜蚜、大灰象甲、红蚂蚁、蝼蛄。

（1）根腐病。防治方法：①实行3年以上轮作。加强栽培管理，雨后及时排水，地面不积水。②注意防治地下害虫。③播种时每平方米用木霉制剂10克拌适量细土沟施。④发现病株及时挖除。发病初期选用50%甲基硫菌灵800倍液，或75%百菌清600倍液，或多菌灵可湿性粉剂800 ～ 900倍液等喷茎基部，或用100倍石灰水灌根。

（2）轮纹病。防治方法：①合理轮作，合理密植，改善通风透光条件。②发现病株及时拨出，并带出集中烧毁。③发病初期可选用65%代森锌800倍液，或70%甲基硫菌灵1 000倍液等喷雾防治。

（3）白霉病。防治方法：①增施有机肥及磷、钾肥，增强抗病能力。②清洁田园，减少病源。③发病初期可选用70%甲基硫菌灵可湿性粉剂1 000倍液，或75%百菌清可湿性粉剂，或50%苯菌灵可湿性粉剂500倍液，50%多菌灵可湿性粉剂500 ～ 600倍液喷施防治。

（4）斑枯病。防治方法：①合理密植。②加强管理，收获后及时清洁田园，减少菌源。③发病初期用1 ∶ 1 ∶ 100的波尔多液，或65%代森锌600倍液，或50%多菌灵、退菌特1 000倍液，或50%甲基硫菌灵500 ～ 600倍液喷洒。

（5）细菌性软腐病。防治方法：①加强田间管理，注意通风透光和降低田间湿度。②发病初期可选用农用链霉素等农用抗菌素，或波尔多液等药剂喷施。

（6）菜蚜。防治方法：①田间挂黄板涂粘虫胶诱集有翅蚜，或距地面20厘米架黄色盆，内装0.1%肥皂水或洗衣粉水诱杀有翅蚜虫。②在田间铺设银灰色膜或挂拉银灰色膜条驱避蚜虫。③适时进行药剂防治。可选用10%吡虫啉4 000 ～ 6 000倍液喷雾，或50%抗蚜威可湿性粉剂2 000 ～ 3 000倍液，或10%氯氰菊酯乳油2 500 ～ 3 000倍液等药剂喷施防治。

136. 缬草何时采收？

待缬草叶片全部变黄色，农历七月中旬（处暑前后）采收为最佳时间。

137. 缬草如何烘干？

为避免根部挥发油损失，挖出的根不能用水洗，不能在太阳下暴晒或烘干，应放在阴处摊开，待加工蒸油。

（十五）头花蓼

138. 什么是头花蓼？主要分布于我国哪些区域？

本品为蓼科植物头花蓼（*Polygonum capitatum* Buch.-Ham. ex D.Don）的全草，是贵州苗族常用草药；具有清热利湿、活血止痛等症；主治风湿痛、跌打损伤、湿疹、膀胱炎、肾盂肾炎、尿路结石等症。主要分布于贵州、西藏、湖南、云南、广西、四川、湖北、广东、江西等地，贵州省主产区有西秀、盘州、织金、纳雍等地。

139. 头花蓼对生产环境有什么要求？生长周期多长？

头花蓼喜阴湿凉爽生境，土壤要求肥沃、疏松、透水透气、沙质，适宜生长海拔在600 ～ 1 500米。生长期一般在280天左右。

头花蓼植株

140. 头花蓼栽培如何选地与整地？

（1）选地。头花蓼种植基地要选择缓坡或平地，土层深厚、土质疏松、排灌条件良好的肥沃土壤。

（2）整地。在霜冻来临前深翻土地30厘米以上，于移栽前3 ～ 5天，清除地块内杂草、石块等杂物，做成宽1米、高10厘米的畦，畦间距30 ～ 40厘米。移栽前均匀撒施复合肥（750千克/亩）、腐熟的农家肥（2 500千克/亩），随后翻入土中，结合整细土壤与畦土混匀，然后用锄整平畦面。

141. 头花蓼如何栽种?

头花蓼主要采用种子育苗栽种。每年2 ~ 3月，按1.5 ~ 3千克/亩播种育苗，覆盖薄膜。4月至5月中旬，选阴天移栽，厢面宽1米、高10厘米，按株行距20厘米 × 20厘米，穴深3 ~ 4厘米进行栽种。

142. 头花蓼如何进行田间管理?

头花蓼种子育出的幼苗移栽1周后，用锄进行第一次松土锄草，严防动根伤苗。以后每隔10天锄1次草，直至封行。封行后到采收的前半个月必须用手拔除杂草。

追肥于6月上中旬结合松土除草进行，按复合肥10千克/亩均匀撒施到头花蓼幼苗根际，并覆盖于土中；8月第一次收割后的3天内，追施复合肥20千克/亩，促进老茎基部提早分枝发芽。

143. 头花蓼主要病虫害有哪些？如何防治?

头花蓼生长期间比较严重的是虫害，包括小地老虎、跳甲、双斑萤叶甲、斜纹夜蛾等。

防治方法：除了人工捕捉，可用60%辛硫磷乳油500倍液、50%辛硫磷乳油1 000倍液、4.5%氰戊马拉松乳油1 500倍液、20%甲氰菊酯乳油1 500 ~ 2 000倍液进行防治。

144. 头花蓼如何采收与初加工?

头花蓼宜于晴天采收，顺厢面沿头花蓼基部全部用镰刀割取（不留基部老茎），抖去泥土，就地晾晒。采收后应及时用清洁容器包装并进行初加工处理。

初加工方式主要是将头花蓼均匀撒于干净、无污染的晒坝或晒席上。在晾晒的过程中，每天用铁叉翻动3次，同时抖去头花蓼上的残余泥沙，晒干即可。或是选择干净、无污染、通风的干燥室内、棚内或避雨处，晾干即可。

145. 头花蓼药材有什么质量要求？

头花蓼药材水分≤12%，总灰分≤12%，酸不溶性灰分不高于5%，用热水浸法浸出物不低于18.5%。

（十六）苦参

146. 什么是苦参？主要分布于我国哪些区域？

本品为豆科植物苦参（*Sophora flavescens* Ait.）的干燥根，具有清热燥湿、杀虫、利尿的功效。主要分布于我国南北各省地，贵州省主产区有七星关、赫章、松桃、兴义等县（区）。

147. 苦参对生产环境有什么要求？生长周期多长？

苦参适宜生长条件为海拔1 000 ～ 1 400米、气温20 ～ 25℃、湿度50％～ 70％、pH6.0 ～ 7.5，最佳光照时数12 ～ 14小时。人工栽培苦参2 ～ 3年可以采收。

148. 种植苦参如何选地整地？

（1）选地。在选择苦参的栽种地点时，一定要选择土层较为深厚、土壤较为肥沃的土地，还应当便于灌溉和排水。在进行苦参栽种的过程中，初期还应进行堆肥处理，并均匀分布在栽种区域。

（2）整地。整地在上一年的秋末冬初进行，深翻30厘米以上。

149. 苦参如何栽种？

苦参的栽种方式有种苗移栽、大田直播和分根繁殖。生产上多以种子育苗后移栽繁殖为主，以春季育苗为主，移栽时间以春、秋两季为宜。大棚育苗于春末移栽较好，露地育苗于地上茎叶枯黄、大地封冻前约半月移栽为宜。移栽前，苗床浇水1次，7～10天进行低温炼苗。起苗时边起苗边放入纸箱等容器中，以一层苗、一层湿土的方式存放，移栽密度以40厘米×20厘米为佳。摆放苗后浇水，水下渗后，覆土2～3厘米。露地育苗也可越冬后再起苗移栽，越冬苗于3月中下旬萌芽前进行移栽为宜，剪去枯枝后，可平栽或斜栽。

150. 苦参如何进行田间管理？

（1）中耕除草。幼苗期及时中耕除草，齐苗后进行1次中耕除草，以后每隔30天中耕除草1次，整个生长季中耕除草3～5次。定植后第二年春季当地下茎延伸头全部伸出地面时，再进行中耕管理。

（2）施肥。每年施肥3次：5月，苗高15～20厘米时，为加速苦参幼苗快速生长，施腐熟的人畜粪尿1 500 ～ 2 000千克/亩或氮肥15 ～ 20千克/亩；7月，苗高50 ～ 70厘米时，为强壮植株、促进根营养积累及越冬芽的分化，施腐熟的人畜粪尿2 500千克/亩、过磷酸钙50千克/亩或过磷酸钙20 ～ 30千克/亩、硫酸钾10 ～ 15千克/亩；秋季植株枯萎后，为保护越冬芽和促进第二年生长，施腐熟的厩肥或堆肥2 000千克/亩，于行间开沟、施肥、覆土与畦面平齐，确保肥效。

（3）摘花打顶。苦参第二年进入开花结实期，为了降低养分损失、保证药材的质量，在第二、三年田间管理过程中于6月10日至7月10日进行摘花打顶。当苦参60%现蕾、10%花朵始花期时，摘花打顶1次，每隔10天进行1次。

151. 苦参栽培中主要有哪些病虫害？如何防治？

（1）主要病害。苦参病害主要有白粉病、叶斑病、根腐病、叶枯病和白锈病等。

防治措施：①选取土层深厚、排水良好的沙壤土种植，同时增施有机肥料。②苦参叶斑病可通过与禾本科作物轮作的方式预防。③在高温多雨季节，应该及时排涝、疏松土层，也可加强轮作倒茬。④秋末冬初或初春时，发现病株及时清除，采取烧毁或深埋病株等处理方式。⑤发病后期可用药水进行防治，适期施药，合理选择药剂。

（2）主要虫害。苦参虫害主要有芫菁、蚜虫、草地螟、小地老虎、蝼蛄、钻心虫和食心虫等。

①芫菁。芫菁主要在5月上中旬发生，可采用50%的乐果800 ～ 1 000倍液喷杀。

②蚜虫。蚜虫一般于高温天气发生，可采用清园、黄板诱杀、10%吡虫啉可湿性粉剂1 000倍液或40%乐果1 500 ～ 2 000

倍液喷雾防治。

③草地螟。草地螟一般在6～9月发生危害，可采用除草灭卵、低毒农药防治等。

④小地老虎和蝼蛄。小地老虎和蝼蛄在播种至苗期发生，可采用药剂拌种（600克/升吡虫啉以种药比80：1拌种）、清园和黑光灯诱杀等措施。

⑤钻心虫和食心虫。钻心虫和食心虫一般于7月上中旬产卵发生危害，可根据虫情确定防治措施。

152. 苦参如何采收与初加工？

人工栽培苦参2～3年可以采收，一般于秋季植株枯萎后进行，刨出全株，去掉芦头以上部分、须根和泥沙，晒干或烘干。

153. 苦参药材有什么质量要求？

苦参药材质量应不低于《中国药典》（2015年版）相关要求，水分≤11.0%；总灰分≤8.0%；以干品计算，水溶性浸出物≥20.0%，含苦参碱和氧化苦参碱的总量≥1.2%。

（十七）灵芝

154. 灵芝是什么？主要分布于我国哪些区域？

本品为多孔菌科真菌赤芝［*Ganoderma lucidum*（Leyss. ex Fr.）Karst］或紫芝［*Ganoderma sinense* Zhao，Xu etZhang］的干燥子实体。具有补气安神、止咳平喘的功效，用于心神不宁、

失眠心悸、肺虚咳喘、虚劳短气、不思饮食等症。主要分布于浙江、福建、江西、河南、湖南、广东、广西、海南、四川、贵州、云南、陕西、台湾、贵州省全境都有分布，主产区有独山、册亨、剑河、丹寨、清镇等。

灵芝

155. 灵芝子实体与灵芝孢子粉的有效成分有何差异？

灵芝孢子是灵芝的种子，灵芝孢子中含有多糖、多肽、三萜类物质、蛋白质、氨基酸、酶、胆碱等多种有效成分。灵芝孢子的有效成分是灵芝子实体的70倍。孢子粉中蛋白质的含量较高，三萜类物质不如子实体中含量高。

灵芝子实体

156. 灵芝菌种制备方法有哪几种？

常用的灵芝菌种制备方法有3种：组织分离法、孢子分离法、基质分离法。

157. 如何鉴别灵芝母种质量的优劣？

投入生产的菌种必须是经过出菇试验，具有高产优质、适应性强的纯菌丝体。从外表观察，优质菌种总体表现为：纯度高、无病虫害，色泽洁白、生长旺、吃料快，培养基紧贴壁，闻棉塞有灵芝味。

158. 人工栽培灵芝需要什么条件？

（1）营养。灵芝既是一种腐生菌，也是兼性寄生菌。对木质素、纤维素等物质有较强的分解与吸收能力，适应性较广，大多数阔叶树及木屑、树叶、农作物秸秆、棉籽皮、玉米芯等，配加适量的麦麸或糠麸都可以作为培养基的原料。

（2）温度。灵芝属高温性菌类，在15 ~ 35℃均能生长，适温为25 ~ 30℃。子实体在10 ~ 32℃的范围内均能生长，但原基分化和子实体发育的最适温度为25 ~ 28℃。低于25℃，子实体生长缓慢，皮壳色泽也差；高于35℃，子实体会死亡。

（3）湿度。灵芝生长需要较高的湿度。菌丝生长期，要求培养基含水量在55% ~ 60%，空气相对湿度在70% ~ 80%。子实体发育期，空气相对湿度要求在90% ~ 95%，如果低于80%，子实体会生长不良，菌盖边沿的幼嫩生长点将会变成暗灰色或暗褐色。

（4）空气。灵芝是好气性真菌，它的整个生长发育过程中都需要新鲜的空气。尤其是子实体生长发育阶段，对二氧化碳更为敏感。当空气中二氧化碳含量增至0.1%时，子实体就不能开伞，长成鹿角状分枝，含量达1%时，子实体发育极不正常，无任何组织分化，发生畸形。

（5）光照。灵芝在生长发育过程中对光线非常敏感，光线对菌丝生长有明显的抑制作用，无光黑暗条件生长速度最快，当光照度增加到3 000勒克斯时，生长速度只有全黑暗条件下的一半。子实体生长发育不可缺少光照，在1 500 ～ 5 000勒克斯的条件下，菌柄、菌盖生长迅速，粗壮，盖厚。

（6）酸碱度。灵芝喜欢在偏酸性的环境中生活，要求pH范围在3 ～ 7.5，最适宜的pH为5 ～ 6。

159. 灵芝栽培方式有哪些？适宜什么时间栽培？

灵芝是一种腐生性真菌，适宜在死亡的木材上生长，人工培植时采用段木、锯木或其他代料栽培，栽培方法有瓶栽、盆栽、塑料袋栽、菌砖栽、段木栽等方式，室内、室外都能栽培。

贵州地区以段木栽培灵芝较为常见，一般适宜在11月下旬至12月下旬或2月中旬至3月上旬接种段木，4月上旬埋土，5月开始现蕾，7 ～ 9月采芝，当年可收得2 ～ 3批。在贵州地区代料栽培灵芝，3 ～ 4月生产菌包，经过50天左右发菌，4 ～ 5月覆土出菇最佳。

160. 灵芝栽培中主要有哪些病虫害？如何防治？

（1）主要病虫害。主要病害有链孢霉、木霉、曲霉、指孢霉、黏菌和发网菌等；主要虫害有膜喙扁蝽、白蚁、黑腹果蝇、跳虫、夜蛾、谷蛾、蛞蝓、窃蠹、露尾甲虫等。

①链孢霉。又名好食脉孢霉、红粉菌、面包霉菌、脉孢霉、串珠霉。是一种在灵芝菌材培养期对菌种生产威胁性很大的杂菌。发生蔓延较快。灵芝原种受害后，棉花塞外面形成肉红色至红色的分生孢子堆包围整个瓶口，并且稍触动就有撒粉扩散的现象。菌种瓶内的菌丝由灰白转为黄白色。

②绿色木霉。侵染灵芝的培养料或子实体，产生绿色菌落，使灵芝菌丝、菌盖及子实体的生长受阻或变质腐烂。绿色木霉为竞争性杂菌，在灵芝菌种扩制和栽培过程中侵染危害。一旦侵染后生长和发展很快，整个料层呈现一片绿色且分泌毒素，破坏寄主的菌丝和细胞质；使寄主很快死亡。可谓毁灭性、灾难性的病害和杂菌。

③曲霉。污染灵芝基质呈黄至黄绿色；黑曲霉污染灵芝基质呈黑色。曲霉生长蔓延很快，与灵芝菌丝竞争基质营养，吸取养料和水分，影响菌丝生长。曲霉能隔绝氧气，使灵芝菌丝缺氧，抑制菌丝生长。黄曲霉分泌的黄曲霉素是一种很强的致癌物质。

④指孢霉。在覆土表面局部出现白色棉絮状菌丝，继而迅速扩展形成1层厚度达1 ～ 2厘米的白色菌丝被，将床面覆盖。染病灵芝菌柄基部呈水渍状腐烂，或形成黄褐色或淡褐色软腐病斑，子实体正常发育受到抑制。子实体发病时，先从菌柄基部开始，逐渐向上传染，并呈现淡褐色软腐症状。受害严重后，菌柄及菌褶处长满白色病原菌丝，或病芝菇连同其着生的菌袋部位，均被病原菌丝呈蛛网状包围覆盖，最终造成病芝菇全体呈淡褐色软腐状。病原菌丝后期变成淡红色，发病中心部位有紫红色色素产生。芝菇感染此病后，子实体一般不发生畸形，也不散发臭味，但手触病芝菇即倒。发病较轻、尚未出现软腐症状的病芝菇，其生长发育受阻，外观呈污黄白色，无生气，

与正常健康芝菇有明显区别。

⑤膜喙扁蝽。成虫、若虫在覆土下的灵芝段木或菌棒周围活动，危害灵芝段木上的灵芝菌丝和原基，吸取灵芝菌丝和原基内的汁液，影响子实体的正常发生和菌丝的生长。灵芝段木受害后，出芝量减少，灵芝个体变小，出现畸形；发生严重时，抑制出芝，降低灵芝产量和品质。

⑥黑腹果蝇。主要分布在我国南方各省，危害灵芝、木耳及银耳等食用菌。以幼虫取食灵芝菌丝和培养料，导致培养料呈水渍状腐烂，可引起细菌的侵入。成虫可携带霉菌、线虫、螨类等病虫害。加重虫害的发生，严重影响灵芝的产量及品质。

⑦白蚁。白蚁主要发生在丘陵山区，而平原地区发生较少。白蚁类是个大家族，在热带、亚热带地区最繁盛。白蚁蛀食灵芝段木，顺木纹穿食，与灵芝争夺养料，抑制灵芝菌丝生长及子实体的形成。段木被蛀空，导致段木树皮和木质部分离，灵芝产量下降，或绝收。

⑧谷蛾。在覆土灵芝上，谷蛾幼虫钻蛀芝体，取食灵芝内容物，并将粪便排出芝体表面，发生严重时，可把芝体食光。1年发生2代。以幼虫越冬，在翌年3月活动，7～8月出现第二代的成虫，8～10月是第二代幼虫危害高峰期。在温度下降至11℃以下时，幼虫开始吐丝与粪便和培养基黏合一起做茧；当温度回升到14℃时幼虫又开始取食。谷蛾活动的适宜温度为14～30℃，当平均温度25℃、相对湿度80%时，将卵产在接种穴或菇木树皮缝隙中，卵期为7～8天，幼虫期45～48天，蛹期17～20天，成虫期7～9天。谷蛾常在晚上活动，白天多在菇木蔽光处潜伏，成虫不善远飞，羽化后3～4天开始交尾，经过1～2天后产卵。雌蛾寿命7～9天，雄蛾6～8天。

⑨蛞蝓。蛞蝓取食菌蕾和子实体幼嫩部分，使之呈缺刻或锯齿状，失去商品价值。经蛞蝓爬行过的子实体，常留下一条

白色黏质带痕，影响产品质量。

（2）防治措施。

①选用抗杂性好、菌丝生长势强、适应本地栽培的灵芝品种。在接种时，加大接种量，可使灵芝菌丝以绝对优势迅速占领培养料，减少杂菌的污染机会，起到以菌抑菌的作用。

②搞好栽培环境的清洁卫生。搞好环境卫生能对防止污染起到事半功倍的效果。培养房内要及时清除菌渣、垃圾，彻底清洗菌种培养架，并进行空间消毒，消灭杂菌隐匿场所，减少地表飞扬尘土以减少传播媒介。

③用具和培养料的灭菌要彻底，操作要树立无菌意识。通过对一些用具和培养料进行充分灭菌，可以杀死虫卵和一些杂菌，大大减少病虫害的发生。

④加强早期防治。栽培期间要经常进行检查，一旦发现感染杂菌或出现虫害，应立即进行处理，杀灭杂菌和虫害，确保灵芝顺利生长。

⑤药剂防治。药剂防治主要针对虫害，根据发生虫害的类型喷洒不同的药剂。跳虫可用100倍敌敌畏喷于纸上，再滴上数滴糖蜜，将药纸分散放置在跳虫发生的土上进行诱杀。

161. 如何进行灵芝的采收、加工和保存？

当灵芝子实体菌盖由黄色转变成褐色、颜色均匀一致时，表明已完全成熟即可采收。将成熟的子实体在距土表约1厘米处用快刀切下，留下芝柄以利于再生，也可直接摘取子实体，不留芝柄，但要推迟下一潮子实体的出芝时间。采摘时，手指握着芝柄取下，不要握着芝盖，以免触碰芝盖下的子实层影响美观，使色泽不均匀，从而降低商品质量。

灵芝采收后，去掉表面的泥沙及灰尘，自然晾干或烘干，水分控制在13%以下。然后用密封的袋子包装，置于干燥处保存，并注意防霉、防蛀，避免强光直接照射。

162. 灵芝药材有什么质量要求？

灵芝药材质量应不低于《中国药典》（2015年版）要求，水分≤17.0%；总灰分≤3.2%；水溶性浸出物≥3.0%。含灵芝多糖以无水葡萄糖计，不得少于0.90%，含三萜及甾醇以齐墩果酸计，不得少于0.50%。

（十八）重楼

163. 什么是重楼？主要分布于我国哪些区域？

本品为百合科云南重楼［*Paris polyphylla* Smith var. *yunnanensis*（Franch.）Hand.-Mazz.］或七叶一枝花［*Paris polyphylla* Smith var.

重楼种植基地

chinensis（Franch.）Hara］的干燥根茎，具有清热解毒、消肿止痛、凉肝定惊的功效，常用于疔疮痈肿、蛇虫咬伤、跌扑伤痛、惊风抽搐等症。云南重楼主要分布于云南、四川、贵州等地。七叶一枝花分布于江苏、浙江、安徽、江西、福建、台湾、湖北、湖南、广东、广西、四川、贵州、云南等地。贵州省主产区有榕江、七星关、黎平、印江等地。

164. 重楼对生长环境有什么要求？生产周期多长？

重楼有“宜荫畏晒，喜湿忌燥”的习性，喜湿润、荫蔽的环境，在地势平坦、灌溉方便、排水良好、腐殖质含量高、有机质含量较高的疏松肥沃的沙质壤土中生长良好。重楼生长过程中，要求较高的空气湿度和遮蔽度。

重楼的繁殖有根茎切割繁殖和种子繁殖两种方式。根茎切割繁殖又分为带顶芽切割繁殖和不带顶芽切割繁殖。采用根茎切割繁殖产量增加显著，种植周期3 ～ 4年。但切割繁殖的种苗繁殖系数低，要消耗大量资源，且易感病，易退化。而种子繁殖技术要求较高，周期较长，7 ～ 8年，但其繁殖系数大，可提供大量种苗。

165. 重楼大田栽培如何进行选地与整地？

选择地势较高、排水良好的坡地、旱地，土质为富含腐殖质的腐殖土或酸性红壤土，作为重楼种植基地。在播种或移栽前搭建好遮阴度为70%的遮阳网或遮阴棚。洁地后，将腐熟的农家肥均匀地撒在地面上，每亩施用2 000 ～ 3 000千克，再用牛犁或机耕深翻30厘米以上，暴晒1个月，土壤翻耕耙平后开畦。

166. 重楼如何进行种子播种育苗？

10～11月，待重楼果实开裂后、外种皮由红色变成深红色时，及时采收。种子采收后去除外种皮，洗净，晾干水分。将处理好的种子与沙土按一定比例拌匀，装入催苗筐中，置于室内，每15天检查一次，保持沙子的湿度在30%～40%（用手抓一把沙子紧握能成团、松开后即散开为宜）。翌年4月，种子胚萌发后即可播种。种子苗床要选择地势较高、排水良好、土壤富含有机质、遮阴较好的的林下空地或坡地，旱地则要搭遮阳网。播种后覆盖经过细筛的腐殖土、细沙和草木灰，覆土以不见种子胚根为度，再盖一层松针或碎草以保水分。在此期间要保持苗床湿润、阴蔽的环境；避免土壤板结、干燥和过度日照。3年后，重楼形成明显根茎时方可进行移栽。最佳移栽时间是每年10月中旬至1月上旬。每亩需种苗10 000～15 000株。

重楼成熟种子

167. 重楼如何进行根茎切割育苗？

重楼根茎切割繁殖分为带顶芽切割繁殖和不带顶芽切割繁殖。育苗时选取健壮、无病虫害的根状茎，从顶芽以下2厘米处的根状茎横切段作为种苗，切段后，伤口用草木灰处理，在苗床中集中培育，使切割伤口充分愈合、稳定，即可移栽，移栽当年开花，结实。不带顶芽的根茎切割法育苗可以于冬季选择健壮、无病虫害的重楼根状茎，切去顶芽后的以下根状茎一次横切成2厘米切段，每切段保证带1芽痕，伤口用草木灰处理。按行株距2厘米 ×2厘米放置，覆土5厘米，再覆一层松针保湿。

168. 重楼栽种后如何进行田间管理？

施肥以有机肥为主，辅以复合肥和各种微量元素肥料。每年出苗前，每亩追施农家肥1 000千克，施过磷酸钙15千克，施硫酸钾10千克。有机肥在施用前应堆沤3个月以上（可拌过磷酸钙），以充分腐熟。

种苗移栽后每10 ～ 15天应及时浇水1次，使土壤水分保持在30％～ 40％。平时墒面盖草或烂叶，以利于保湿、防草和除草。出苗后，有条件的地方可采用喷灌，以增加空气湿度，促进重楼的生长。雨季来临前要注意理沟，以保持排水畅通，切忌畦面积水。

重楼根茎

勤中耕、浅松土，随时注意清除杂草。移栽后，应抓紧时机，见草就除。锄草时不能伤及重楼的地上部分与须根。

169. 重楼栽培中主要有哪些病虫害？如何防治？

重楼整个生长周期中，可能发生的主要病害有根腐病、立枯病、茎腐病、白霉病、黑斑病、细菌性叶斑病等；主要虫害有地老虎、蛴、金龟子、蚜虫等。

（1）根茎腐烂病。防治方法：及时防治线虫等地下害虫的危害。发病初期用50%多菌灵可湿性粉剂1 000倍液灌施病穴，或1%硫酸亚铁液或生石灰施在病穴内进行消毒。

（2）立枯病。防治方法：加强田间管理，注意降低土壤湿度，培育壮苗，雨后注意排水，防止湿气滞留。及时防治地下害虫的危害。发病后及时拔除病株，用75%百菌清可湿性粉剂600倍液，或70%代森锰锌可湿性粉剂500倍液等浇灌病区。

（3）茎腐病。防治方法：采用高畦苗床以利排水，施用腐熟有机肥，增强植株抵抗力。发现病株，应尽早挖除，集中深埋。中耕除草不要碰伤根茎部，以免病菌从伤口侵入。发病初期用70%敌克松原粉1 000倍液，或72%杜邦克露可湿性粉剂800倍液等浇灌病区。

（4）白霉病。防治方法：发病初期用75%百菌清可湿性粉剂1 000倍液加70%甲基硫菌灵可湿性粉剂1 000倍液，或40%多硫悬浮剂600倍液、50%速克灵可湿性粉剂2 000倍液等喷施。

（5）黑斑病。又名褐斑病。防治方法：及时清除、销毁病残体。加强管理，注意排水，增施有机肥，通风透光，提高重楼抗病力。发病初期可选用50%硫菌灵1 000倍液，或50%多菌灵1 000倍液等喷施防治。

（6）小地老虎。防治方法：及时铲除田间杂草，消灭虫卵及低龄幼虫；高龄幼虫期每天早晨检查，发现新萎蔫的幼苗可扒开表土捕杀幼虫。可选用50%辛硫磷乳油800倍液、90%敌百虫晶体600 ～ 800倍液、20%速灭杀丁乳油或2.5%溴氰菊酯2 000倍液喷雾；用50%辛硫磷乳油4 000毫升拌湿润细土10千克做成毒土；或用90%敌百虫晶体3千克加适量水拌炒香的棉籽饼60千克（或用青草）做成毒饵，于傍晚顺行撒施于幼苗根际。

（7）蚜虫。防治方法：发生初期可喷洒50%辟蚜雾超微可湿性粉剂2 000倍液，或20%灭多威乳油1 500倍液、50%蚜松乳油1 000 ～ 1 500倍液进行防治。

（8）金龟子。防治方法：晚间火把诱杀成虫，在蔬菜叶上喷敌百虫放于墒面诱杀幼虫；整地作墒时，每亩撒施5%辛硫磷颗粒剂1.5 ～ 2千克杀幼虫。

170. 重楼如何进行采收与初加工？

10 ～ 11月重楼地上茎枯萎后采挖。选择晴天采挖，先割除茎叶，用洁净的锄头先在畦旁开挖40厘米深的沟，然后按顺序向前刨挖。

采收的重楼不宜放置在阳光下暴晒，应及时运到室内摊开，不宜堆积过高，以免发热。去净泥土和茎叶，放进沸水中煮3 ～ 5分钟，捞出晒干；如遇雨天，也可在50 ～ 60℃的烘房中烘干。以粗壮、坚实、断面白、粉性足者为佳。

171. 重楼药材有什么质量要求？

重楼药材质量应不低于《中国药典》（2015年版）规定，水分≤12.0%，总灰分≤6.0%，酸不溶性灰分不得过3.0%。按干燥品计算，含重楼皂苷Ⅰ，重楼皂苷Ⅱ，重楼皂苷Ⅵ和重楼皂苷Ⅶ的总量不得少于0.60%。

（十九）桔梗

172. 什么是桔梗？主要分布于我国哪些区域？

本品为桔梗科植物桔梗［*Platycodon grandiflorus*（Jacq.）A.DC.］的干燥根，具有宣肺、利咽、祛痰、排脓的功效，主要用于咳嗽痰多、胸闷不畅、咽痛音哑、肺痈吐脓等症。主要分布于东北、广西、贵州等地，贵州省主产区有江口、剑河、施秉等地。

桔梗

173. 桔梗对生长环境有什么要求？生产周期是多长？

种植要求海拔2 000米以下，年日照时数大于1 800小时，适宜的生长温度为10 ～ 30℃。一般从播种到收获需要2 ～ 3年，食用根一年生也可以采收，春秋均可。

174. 种植桔梗如何选地整地？

宜选择肥沃、湿润、排水良好的疏松土壤，前茬以豆科和禾本科作物为宜，忌连作。土地选好后，深耕30厘米以上，可采用上翻下松耕的办法。深耕或深松耕是栽培桔梗最主要的栽培环节，有条件的地方可将土地休闲半年或1年，在休闲期间进行多次的土壤耕作，熟化土壤，培肥地力。

175. 桔梗的繁殖方式有哪些？

可以用种子繁殖、根头繁殖和扦插繁殖。生产上常用种子繁殖。种子繁殖可采用直播或育苗移栽，一般生产上用直播的方式，春秋两季均可，秋播最好。春播在3月下旬至5月上旬，秋播在10月下旬至11月上旬，用种量约2.5千克/亩；根头繁殖栽植期为3月下旬至4月上旬，株行距15 ～ 25厘米。

176. 桔梗如何进行田间管理？

一般进行3次除草，第一次在苗高7 ～ 10厘米，1个月后进行第二次，再过1个月进行第三次。植株长大封垄后可不再进行中耕除草。苗期需追施稀薄人粪尿或沼液1 ～ 2次，促使幼苗生长。6月底增施花期肥，以磷钾肥为主，每亩施氮磷钾复合肥15千克左右；入冬后，根据当年作物长势，重施越冬肥，结合施肥进行培土。视天气情况浇水或防涝。

越冬后的二年生或三年生桔梗，留种田内当植株高达10厘米时进行打顶，打顶应在晴天露水下去后进行，以下午为好，避免阴雨天、露水天打顶。盛花期时需去花，以药剂去花为佳，也可人工去花。

177. 桔梗主要有哪些病虫害？如何防治？

常见病虫害有：根腐病、枯萎病、根线虫病、小地老虎等。

防治措施：

①雨季加强排水，发现病株及时拔除，并用石灰处理病穴。整地时，每亩用50%多菌灵可湿性粉剂5千克500倍液喷洒防治。

②合理轮作，与禾谷类作物轮作3年以上。

③加强田间管理，清除桔梗残体和周围杂草，并集中烧毁；彻底处理病残体，减少传染源。

178. 桔梗如何采收与初加工？

桔梗春、秋二季采挖。采收时，割去桔梗苗，挖出根部，洗净泥土，去掉须根，用竹刀趁鲜刮皮，或不去皮，干燥。

179. 桔梗药材有什么质量要求？

桔梗药材质量应不低于《中国药典》（2015年版）相关要求，水分≤15%，总灰分≤6%，乙醇热浸法浸出物≥17%，按干燥品计，桔梗皂苷D不得少于0.10%。

（二十）灯盏细辛

180. 什么是灯盏细辛？主要分布于我国哪些区域？

本品为菊科植物短葶飞蓬［*Erigeron breviscapus*（Vant.）Hand-Mazz.］的干燥全草，具有活血通络止痛、祛风散寒的功效；主治中风偏瘫、胸痹心痛、风湿痹痛、头痛、牙痛等症。主要分布于湖南、广西、贵州、四川、云南及西藏等地，贵州省主产区有六枝特、钟山等地。

181. 灯盏细辛对生长环境有什么要求？生产周期多长？

灯盏细辛栽培要求地势高燥、土层深厚、肥沃疏松、排水良好的壤土、沙土、黏壤土，平坝、山坡的熟地、生荒、二荒地均可种植，以阳光充足的南坡平坦地为最佳。灯盏细辛生产周期为1～2年。

182. 灯盏细辛如何选地与整地？

（1）选地。选择排灌方便、光照充足、土壤肥沃的地块。

（2）整地。翻地25～30厘米，撒施腐熟农家肥2 000千克/亩作基肥。起垄、作墒，墒宽1～1.2米，沟宽40厘米，沟深20厘米。

183. 灯盏细辛如何栽种？

苗高10 ～ 15厘米时趁雨移栽，透水拔苗，带土移栽，现拔现栽；在整好的墒纵向开沟，行距为15 ～ 20厘米，沟深5厘米左右，按照5 ～ 7厘米的株距栽苗，每亩2万株左右；栽种后将根部土壤压实，立即浇定根水。

184. 灯盏细辛如何进行田间管理？

（1）施肥。苗期幼苗6叶盛期时，开始隔10天追肥，共施3次。每次用复合肥5千克/亩或多肽尿素（总氮≥46.4%）5千克/亩兑水喷施。后期（采割后留茬期）每次采割后追2次肥，分别于采收后10 ～ 15天、25 ～ 30天进行，每次用复合肥10千克/亩兑水喷施。

（2）除草。6叶盛期之前，见草即除；成苗后，每月除草1次。

185. 灯盏细辛栽培中主要有哪些病虫害？如何防治？

灯盏细病虫害主要有白粉病、根腐病、菜青虫、斜纹夜蛾、蚜虫及蛞蝓等。

防控措施：

①及时清除中心病株，加强通风，控制基质湿度。

②病害防治。主要使用四氟醚唑水剂、锰锌腈菌唑可湿性粉剂、多菌灵可湿性粉剂等药剂，对应病症，规范用药。

③虫害防治。主要使用高氯·啶虫脒微乳剂、高效氯氰菊酯水乳剂、氯氟氰菊酯乳油、斜纹夜蛾核型多角体病毒悬浮剂等药剂；也可使用黄板、糖醋液和频振式杀虫灯等物理防治方

法诱杀。适期施药，合理选择药剂。对应虫害，规范用药。

186. 灯盏细辛如何采收与初加工？

（1）采收。人工或收割机齐地割取地上部分。5～6月播种，当年9～10月可进行首次采收，待地上部分再次至现蕾期至盛花期时，再次留茬采收。10～11月播种，翌年3～4月可进行首次采收，待地上部分再次至现蕾期至盛花期时，再次留茬采收。

（2）初加工。采收后除去杂质、晒干，及时加工，不宜堆放超过6小时。干燥后密封备用，做好防潮工作。

187. 灯盏细辛药材有什么质量要求？

灯盏细辛药材质量不得低于《中国药典》（2015年版）相关要求，水分≤12.0%；总灰分≤15.0%，酸不溶性灰分≤8.0%，酸溶性浸出物≥7.0%；以干品计，含野黄芩苷不得少于0.30%。

主要参考文献

刘调香, 2019. 党参的栽培与管理[J]. 农业科技与信息(11): 19-20.

罗明亮, 2018. 党参生物学特性及规范化栽培技术[J]. 现代农业科技(15): 113, 117.

孙喜虎, 2017. 桔梗栽培技术[J]. 现代农业(10): 13-14.

田启建, 赵致, 谷甫刚, 2008. 贵州黄精病害种类及发生情况研究初报[J]. 安徽农业科学, 36 (17): 7301-7303.

田启建, 赵致, 2006. 贵州黄精GAP试验示范基地病虫害防治策略[C]// 科技创新与绿色植保. 中国植物保护学会2006学术年会论文集.

王桥美, 杨瑞娟, 严亮, 等, 2017. 滇黄精主要病虫害防治措施的研究综述[J]. 农村实用技术 (12): 27-30.

夏艳云, 2002. 天麻块茎腐烂病的发病原因及其防治[J]. 中国食用菌(3): 16.

杨平飞, 宋智琴, 罗鸣, 等, 2018. 太子参生产技术[J]. 农技服务, 35 (1) : 45-47.

杨汝, 2008. 贵州省黄精病害发生情况调查及叶斑病的初步研究[D]. 贵州: 贵州大学.

岳彬, 2017. 药食两用桔梗栽培技术[J]. 中国园艺文摘 (9): 186-187.

张明生, 2013. 贵州主要中药材规范化种植技术[M]. 北京: 科学出版社.

中国科学院《中国植物志》编委会, 1996. 中国植物志[M]. 北京: 科学出版社.

图书在版编目（CIP）数据

中药材高效栽培与加工技术轻松学/贵州省农业农村厅组编．—北京：中国农业出版社，2020.1
ISBN 978-7-109-26552-3

Ⅰ.①中…　Ⅱ.①贵…　Ⅲ.①药用植物–栽培技术②中药加工　Ⅳ.①S567②R282.4

中国版本图书馆CIP数据核字（2020）第023244号

中国农业出版社出版
地址：北京市朝阳区麦子店街18号楼
邮编：100125
责任编辑：李　蕊　宋会兵
版式设计：杜　然　　责任校对：吴丽婷
印刷：中农印务有限公司
版次：2020年1月第1版
印次：2020年1月北京第1次印刷
发行：新华书店北京发行所
开本：880mm×1230mm　1/32
印张：3.5
字数：75千字
定价：35.00元
